BIOLOGIA, CIÊNCIA ÚNICA

ERNST MAYR

Biologia, ciência única

Reflexões sobre a autonomia de uma disciplina científica

Tradução
Marcelo Leite

Prefácio
Drauzio Varella

COMPANHIA DAS LETRAS

Publicado originalmente pela Cambridge University Press em 2004.

Título original
What makes biology unique?:
considerations on the autonomy of a scientific discipline

Capa
Victor Burton

Preparação
Leny Cordeiro

Índice remissivo
Miguel Said Vieira

Revisão
Renato Potenza Rodrigues
Ana Maria Barbosa

Dados Internacionais de Catalogação na Publicação (CIP)
(Câmara Brasileira do Livro, SP, Brasil)

Mayr, Ernst
Biologia, ciência única : reflexões sobre a autonomia de uma disciplina científica / Ernst Mayr ; prefácio Drauzio Varella ; tradução Marcelo Leite. — São Paulo : Companhia das Letras, 2005.

Título original : What makes biology unique? : considerations on the autonomy of a scientific discipline
Bibliografia
ISBN 85-359-0688-6

1. Biologia – Filosofia 2. Evolução (Biologia) – Filosofia I. Varella, Drauzio. II. Título.

05-5548 CDD-570.1

Índice para catálogo sistemático:
1. Biologia : Filosofia 570.1

[2005]

EDITORA SCHWARCZ LTDA.
Rua Bandeira Paulista 702 cj. 32
04532-002 — São Paulo — SP
Telefone (11) 3707-3500
Fax (11) 3707-3501
www.companhiadasletras.com.br

Às minhas filhas
Christa Elisabeth Menzel
e
Susanne Mayr Harrison,
com amor e gratidão por
tudo que me têm dado

Sumário

Prefácio à edição brasileira

Este livro é uma declaração de amor à biologia. Seu autor poderia ser Charles Darwin, caso pudesse atualizar suas idéias de acordo com os conhecimentos do século XXI.

Não é por acaso que Ernst Mayr ficou conhecido como "o Darwin do século XX". Os dois cientistas demonstraram já na infância o gosto pela observação do mundo orgânico e dedicaram suas vidas a buscar explicações sobre a origem das espécies, sem recorrer a forças sobrenaturais.

Antes de Darwin, não apenas as pessoas comuns, mas a própria ciência acreditava que todas as formas de vida existentes seriam idênticas às do instante da criação ocorrido 4 mil anos a.C., como rezava a Bíblia, e que um ser todo poderoso havia criado o céu e a terra de forma tão harmoniosa que animais e plantas podiam viver adaptados à natureza com perfeição.

Os primeiros abalos às idéias criacionistas surgiram quando os geólogos se deram conta de que nosso planeta era muito mais antigo e os paleontologistas desenterraram os primeiros fósseis, contradizendo as teorias de um mundo de composição constante.

Como explicar a existência de fósseis varridos da face da Terra e sua semelhança anatômica com espécies atuais?

Embora muitos cientistas questionassem a imutabilidade das espécies e Lamarck já houvesse proposto em 1809 uma teoria da evolução, segundo a qual caracteres adquiridos pelo uso seriam transmitidos aos descendentes enquanto o desuso teria a propriedade de eliminá-los, a visão bíblica ainda predominava em 1859, quando *A origem das espécies* foi publicado.

No livro, Darwin justificava, a partir de observações primorosas colhidas na célebre viagem a bordo do *Beagle* pelas ilhas Galápagos, a idéia causadora da mais profunda revolução filosófica da história da humanidade, desde a Grécia antiga: "Todas nossas plantas e animais descendem de algum ser no qual a vida surgiu antes".

Mas a genialidade maior de Darwin foi intuir o mecanismo segundo o qual as espécies surgem e desaparecem no decorrer do tempo: a seleção natural, paradigma jamais imaginado. Num mundo de recursos limitados, a vida segue um fluxo contínuo de evolução, resultado da competição pela sobrevivência em que geração após geração se encarrega de eliminar os menos adaptados. Em suas palavras: "Como a seleção natural age pela acumulação de sutis variações favoráveis sucessivas, ela não pode produzir modificações grandes ou súbitas; pode apenas agir por passos muito curtos e lentos".

O impacto da teoria da seleção natural virou de cabeça para baixo os paradigmas seculares segundo os quais cada espécie fora criada para atender determinada finalidade. Enquanto o determinismo e as teorias finalistas afirmavam, por exemplo, que as garças seriam dotadas de bicos longos para se tornarem pescadoras perfeitas, Darwin sugeriu que numa população de garças, por não existirem dois indivíduos idênticos, na competição pela sobrevivência levaram vantagem as aves com bico cada vez mais comprido, porque esse fenótipo lhes garantia acesso farto à alimentação, portanto maior probabilidade de conceber descendentes herdeiros de bicos longos.

A seleção natural representou a rejeição de todas as causas finalistas de origem sobrenatural e pôs fim a qualquer forma de determinismo no mundo orgânico.

Ernst Mayr começa este livro procurando enumerar as razões que justificam considerar a biologia uma ciência com características únicas, independentes da física: "De fato, praticamente nenhuma das grandes descobertas da física dos anos 1920 teve efeito aparente na biologia". E, para que a idéia de uma ciência autônoma seja aceita, mostra que é preciso refutar filosofias antigas, como o vitalismo e a teleologia, e levar em conta que conceitos como o de biopopulações compostas por indivíduos distintos uns dos outros, portadores de características que se alteram a cada geração sob a influência das leis naturais e em obediência a um programa genético, são exclusivos do universo da biologia.

Parte substancial da profícua produção de Mayr, em sua carreira iniciada como ornitologista no Museu Zoológico de Berlim e encerrada em Harvard aos cem anos de idade, depois de centenas de artigos científicos e dezenas de livros publicados, foi dissecar o que se convencionou chamar de "teoria de Darwin". Mayr considera que o paradigma de Darwin, na verdade, engloba pelo menos cinco teorias independentes: evoluçao como tal, ascendente comum, gradualismo, multiplicação das espécies e seleção natural.

O autor dedica um dos capítulos deste livro para analisar as razões pelas quais os princípios enunciados com tanta clareza por Darwin, em 1859, levaram oitenta anos para ser aceitos em sua plenitude e para mostrar como as descobertas científicas ocorridas desde as experiências de Mendel, que lançaram as bases da genética, até os princípios de biologia molecular dos dias de hoje, só fizeram confirmar os acertos dos paradigmas darwinianos. No final da análise, declara: "Fico impressionado e acho quase um milagre que Darwin tenha chegado em 1859 tão perto do que seria considerado válido 145 anos depois".

Depois de discutir o conceito de espécie, tema abordado por ele em 64 livros e artigos científicos publicados entre 1927 e 2000, Mayr dedica o final do livro a analisar as origens africanas da espécie humana e a especular: estamos sós no vasto Universo? Existiria possibilidade de nos comunicarmos com seres extraterrestres?

Com a palavra o mestre Mayr no auge da plenitude intelectual, no final da vida.

Drauzio Varella

Prefácio

Este será o meu último levantamento de conceitos controversos em biologia. Anteriormente já publiquei trabalhos sobre quase todos esses assuntos, em alguns casos mais de um. Com efeito, uma análise de minha bibliografia revela que discuti o problema da espécie em não menos que 64 de minhas publicações, e estive envolvido em numerosas controvérsias. O que ora ofereço é uma versão revisada, mais madura, de meus pensamentos. Não sou otimista a ponto de acreditar que tenha resolvido todas (ou mesmo a maioria) essas controvérsias, mas espero, sim, ter trazido clareza para algumas questões um tanto confusas.

O que não entendo é por que a maioria dos filósofos da ciência acredita que os problemas da filosofia da ciência podem ser resolvidos pela lógica. Seus argumentos intermináveis, documentados por edições inteiras do periódico *Philosophy of Science*, mostram que esse não é o melhor modo de alcançar uma solução. Uma abordagem empírica (ver, por exemplo, o capítulo 3, sobre teleologia, e o capítulo 4, sobre redução) parece ser uma maneira melhor de fazê-lo.

De fato, essa conclusão levanta uma questão legítima — se a abordagem tradicional da filosofia da ciência é realmente a melhor possível. Tal possibilidade precisa ser considerada quando se planeja desenvolver uma filosofia da biologia. A abordagem tradicional é baseada na premissa de que a biologia é uma ciência exatamente como qualquer uma das ciências físicas, mas há muitos indícios que levam a pôr em dúvida tal premissa. Isso suscita a questão perturbadora sobre a possibilidade de se escolher uma abordagem diferente, para a elaboração da filosofia da biologia, da que até agora foi a tradicional na filosofia da ciência. Uma resposta a essa questão requer uma análise profunda do quadro conceitual da biologia e sua comparação com o quadro conceitual da física. Tal análise e tal comparação aparentemente nunca foram feitas. Realizá-las é o objetivo maior deste trabalho.

Ao longo dessa tarefa descobri que por toda a biologia há numerosas controvérsias não resolvidas, que tratam de problemas como o da espécie, da natureza da seleção, do uso da redução e vários outros. É necessário ter clareza sobre esses problemas antes que se possa lidar com a questão do status da biologia em comparação com as várias ciências físicas. Qualquer incerteza sobre algum problema menor pode ser usada por alguns opositores de certas teorias importantes da biologia para rejeitar essa teoria básica. Isso tem acontecido de maneira particularmente freqüente com o darwinismo como um todo. Ainda há algumas incertezas sobre certos fenômenos evolutivos, como o conflito entre a especiação explosiva de peixes ciclídeos nos lagos da África oriental e a estase do fenótipo em fósseis vivos, mas a validade do paradigma básico darwiniano se encontra tão firmemente estabelecida que não pode mais ser questionada.

No entanto, a análise crítica dos problemas controversos discutidos nos capítulos 5 a 11 ajudará a esclarecer alguns pontos obscuros. À primeira vista, promover a reunião dos tópicos desses capítulos parece produzir uma heterogeneidade perturbadora. Um estudo mais detalhado mostra, contudo, que as conclusões alcançadas em cada um desses capítulos fazem importante contribuição para o nosso entendimento da evolução como um todo. Aqueles que estiverem dando cursos sobre a história e a filosofia da biologia considerarão de serventia particular os capítulos sobre a maturação do darwinismo, sobre seleção e sobre a evolução do ser humano. Tais capítulos também suplementam o tratamento desses assuntos em *What evolution is* (Mayr, 2001).

Introdução

Meu pai tinha uma grande biblioteca. Embora fosse jurista de profissão, seus interesses principais eram história e filosofia, em particular os filósofos alemães Kant, Schopenhauer e Nietzsche. Nunca li esses livros de filosofia, a não ser que se classifique Haeckel (*Welträtsel* [*Enigma do mundo*]) como filósofo. No entanto, na casa de meus pais a filosofia era sempre mencionada com grande respeito. A filosofia era a leitura favorita da irmã solteira de meu pai que a família considerava brilhante.

Meu contato real com a filosofia, porém, só ocorreu quando me preparei para a parte filosófica de meu exame de doutorado. Na Universidade de Berlim, era necessário passar em um exame de filosofia para completar um doutorado.* Acompanhei cursos de história da filosofia e um seminário sobre a *Crítica da razão pura*, de Kant. Para ser franco, no fundo não consegui entender do que

* *PhD*, como está no original, é a abreviação do latim *philosophiae doctor*, doutor em filosofia, título de doutorado que se generalizou para várias áreas acadêmicas, além da filosofia propriamente dita. (N. T.)

se tratava. Eu tinha permissão para indicar em que ramo da filosofia queria ser examinado, e fui devidamente questionado sobre positivismo, como havia escolhido. Passei com A porque estava bem preparado.

Como resultado de meus estudos, concluí que a filosofia da ciência tradicional tinha pouco ou nada a ver com a biologia. Quando quis saber (por volta de 1926) quais filósofos seriam mais úteis, falaram-me em Driesch e Bergson. Quando parti para a Nova Guiné, um ano e meio depois, as principais obras desses dois autores foram os únicos livros que arrastei comigo pelos trópicos, durante dois anos e meio. À noite, quando não estava ocupado empalhando pássaros, eu lia esses dois volumes. Como resultado, na época em que retornei à Alemanha havia concluído que nem Driesch nem Bergson eram a resposta para minha busca. Ambos os autores eram vitalistas, e eu não sabia o que fazer com uma filosofia baseada em uma força oculta tal como a *vis vitalis* [virtude vital].

Eu estava, contudo, igualmente desapontado com a filosofia da ciência tradicional, que era toda ela baseada em lógica, matemática e ciências físicas e que adotara a conclusão de Descartes de que um organismo nada mais é que uma máquina. Esse cartesianismo me deixava completamente insatisfeito, assim como o saltacionismo. Para onde mais eu poderia me voltar?

Nos vinte e tantos anos seguintes, ignorei em alguma medida a filosofia, mas no devido tempo minhas atividades em sistemática teórica e mais ainda em biologia evolucionista conduziram-me de volta à filosofia. Desenvolvi uma impressão vaga de que os novos conceitos e princípios encontrados nos ramos mais teóricos da biologia poderiam constituir um bom ponto de partida para uma genuína filosofia da biologia. Aqui, no entanto, precisava ser muito cuidadoso. Não queria cair numa armadilha como a do vitalismo, nem me transformar num teleologista, como Kant na sua *Crítica do juízo*. Estava determinado a não aceitar princípio algum nem causas que estivessem em conflito com as leis naturais newtonianas. A biologia para a qual queria encontrar a filosofia tinha de qualificar-se como uma ciência *bona fide* [de boa-fé], genuína.

Embora uma boa quantidade de livros intitulados *Filosofia da biologia* tenha sido publicada no século XX, eles só fazem justiça a esse título parcialmente. Obras como as de Ruse (1973), Kitcher (1984), Rosenberg (1985) e Sober (1993) lidam com questões e teorias biológicas, mas empregam a mesma estrutura epistemológica dos livros sobre filosofia da física. Procura-se em vão por um tratamento adequado dos aspectos autônomos da biologia, como biopopulações e causalidade dual (explicação). Ainda que grande parte das metodologias da filosofia das ciências físicas possa ser empregada numa filosofia da biologia, a negligência dos temas especificamente biológicos pode deixar um vazio doloroso. Graças à sua filosofia básica, esses volumes têm sido classificados como cartesianos. Os que estivessem buscando uma filosofia da biologia tinham à sua escolha somente volumes cujo espírito básico era ou vitalista ou cartesiano.

Eu tinha a mal confessada ambição de escrever um livro que preenchesse esse vazio, mas percebi que tinha deficiências em meu conhecimento de filosofia. Além disso, ainda estava às voltas com pesquisas inacabadas em sistemática, evolução, biogeografia e história da biologia. Simplesmente não estava em condição de tentar compor uma filosofia da biologia como a que tinha em mente. Por outro lado, o que podia fazer era escrever uma série de ensaios que pudessem servir de base para um livro desse tipo escrito por um filósofo capacitado de verdade. Tenho escrito tais ensaios nos últimos vinte anos; por vezes, uma versão anterior foi substituída no devido tempo por outra mais amadurecida. Com efeito, dos doze capítulos neste volume, apenas quatro (capítulos 1, 4, 6 e 10) não são versões consideravelmente revisadas de publicações prévias. Um leitor que passe os olhos rapidamente pela lista de títulos de capítulos poderia chegar à conclusão equivocada de que este livro é uma miscelânea de temas não relacionados, mas não se trata disso, como vou descrever adiante numa breve caracterização de cada capítulo.

O historiador da biologia se encontra numa situação peculiarmente difícil. Havia um bom número de campos de pesquisa que lidavam com o mundo vivo — fisiologia, taxonomia e embriologia relacionada à medicina —, nos quais se realizavam estudos que mais tarde se tornariam componentes respeitáveis das ciências biológicas, mas no século XVIII e no começo do XIX não eram tratados como parte da ciência coesa afinal reconhecida como biologia.

Apesar de Lineu ter levado a um grande florescimento da sistemática, foi na realidade Buffon (Roger, 1997) quem dirigiu a atenção para o organismo vivo. A palavra "biologia" foi introduzida por volta de 1800 por três autores, de modo independente, mas descrevia algo que estava por vir, e não um campo já existente. Isso ocorreu finalmente no século XIX, quando, num período de cerca de quarenta anos, todas as principais subdivisões da biologia se estabeleceram. Esses desenvolvimentos são assinalados pelos seguintes nomes e datas: K. E. von Baer (1828), embriologia; Schwann e Schleiden (1838-39), citologia; J. Müller e Bernard (décadas de 1840-50), fisiologia; Darwin e Wallace (1858-59), evolução; e Mendel (1866, 1900), genética. A biologia se desenvolveu como um ramo separado da ciência ao longo desse período de quarenta anos. Mas foi somente na segunda metade do século XX que a biologia adquiriu predominância entre as ciências.

O OBJETO DE CADA CAPÍTULO

Capítulo 1 — Ciência e ciências

No capítulo 1 mostro que a biologia é uma ciência *bona fide*, mesmo tendo algumas propriedades que não são encontradas nas ciências físicas. O importante, porém, é que a biologia tem as características indispensáveis das verdadeiras ciências, como a química e a física. É justo que se tente desenvolver um ramo da filosofia da ciência dedicado à biologia.

Capítulo 2 — A autonomia da biologia

No entanto, também descobri que a biologia, mesmo sendo uma ciência genuína, tem certas características não encontradas em outras ciências; em outras palavras, mostro nesse capítulo que a biologia é uma ciência autônoma.

Os dez capítulos restantes discutem vários aspectos da biologia que devem ser plenamente compreendidos por todos aqueles que pretendem estudar a filosofia da biologia. As conclusões alcançadas nesses capítulos fortalecerão as fundações de uma genuína filosofia da biologia.

Capítulo 3 — Teleologia

A biologia não podia ser aceita como uma ciência *bona fide* até que eliminasse a teleologia cósmica de sua estrutura de teorias. É essencial, portanto, mostrar que a palavra "teleológico" tem sido empregada para cinco tipos diferentes de fenômenos e de processos na natureza, que necessitam ser cuidadosamente distinguidos uns dos outros. Explicações empíricas satisfatórias estão disponíveis para quatro tipos de fenômenos ou processos que de hábito são classificados como teleológicos; estes podem ser exaustivamente explicados por leis naturais. Nenhuma evidência, porém, foi encontrada ainda para o quinto tipo, a teleologia cósmica.

Capítulo 4 — Análise ou reducionismo?

Até a metade do século XX, uma importante crença filosófica dos fisicalistas era que um fenômeno tinha de ser reduzido aos seus menores componentes para que se alcançasse sua completa explicação. Isso era interpretado, em geral, como uma afirmação de que a explicação só poderia ser alcançada no mais baixo nível de organização. Tal conclusão era particularmente perturbadora para biólogos, porque nos níveis mais baixos de organização tal redução abandonava a biologia e lidava apenas com fenômenos físicos. No entanto, mostrarei nesse capítulo que tal redução não só não é necessária como, de fato, impossível. O apoio à redução era em parte o resultado de uma confusão com o processo de análise. A análise é e sempre será uma metodologia importante no estudo de sistemas complexos. A redução, por outro lado, é baseada em premissas inválidas e deveria ser removida do vocabulário da ciência.

Capítulo 5 — A influência de Darwin sobre o pensamento moderno

Charles Darwin contribuiu com muitos dos conceitos sobre os quais se apóia o paradigma da biologia moderna. Alguns permaneceram controversos por um longo período e ainda sofrem oposição de certos evolucionistas. Um entendimento completo da autonomia da biologia, portanto, não é possível sem uma análise do darwinismo. Com efeito, a biologia moderna é, em larga medida, conceitualmente darwiniana. Embora eu tenha tentado em publicações anteriores caracterizar essa contribuição darwiniana ao nosso pensamento biológico moderno, sua importância para a filosofia da biologia é tamanha que essa renovada análise será oportuna.

Capítulo 6 — As cinco teorias da evolução de Darwin

Ao longo de sua vida, Darwin se referiu a suas teorizações sobre evolução como "minha teoria", no singular. No entanto, está agora bastante claro que o paradigma evolucionista de Darwin consiste em cinco teorias que são independentes umas das outras. A incapacidade de contemplar essa independência infelizmente conduziu Darwin, e outros que o seguiram, a várias interpretações erradas. Ninguém jamais entenderá a autonomia da biologia se não entender a natureza das cinco teorias de Darwin.

Capítulo 7 — Maturação do darwinismo

O conjunto de idéias e teorias que os líderes evolucionistas hoje consideram como componentes básicos do darwinismo ainda é notavelmente similar às propostas originais de Darwin em 1859 — em grande medida, mas não de todo. Em particular, Darwin não percebeu que "sua teoria" [no singular] é na realidade um composto de cinco teorias diferentes. Estas foram aceitas por outros evolucionistas em diferentes momentos, sendo a seleção natural a última a ser aceita, após cerca de oitenta anos de debate.

A aceitação da evolução é obviamente um pré-requisito para a aceitação das outras quatro teorias. Mas a validade de cada uma dessas quatro teorias é independente da validade das outras três. Pode-se adotar uma teoria da especiação mesmo quando se rejeita a seleção natural ou o gradualismo. Muitas das controvérsias darwinianas se deveram à negligência diante da constatação de que a validade de cada uma das quatro teorias darwinianas é amplamente independente da validade das outras.

Capítulo 8 — Seleção

Esta teoria (ou feixe de teorias), por várias razões, foi a que sofreu resistência mais longa. De fato, nosso conceito moderno dessa teoria difere de vários modos da versão original darwiniana. Por exemplo, hoje consideramos a seleção mais como um processo de eliminação não aleatória do que como seleção positiva, e isso vem facilitar a sobrevivência de mais e mais variedades desviantes. Também não consideramos mais variação e eliminação simplesmente como o oposto uma da outra, mas estamos começando a considerar a produção da variedade e o passo subseqüente da eliminação como duas etapas de um mesmo processo. Permanece uma considerável incerteza sobre o papel da variação no processo evolutivo, mas não há discussão quanto ao fato de a seleção estar envolvida em quase todas as ocorrências de mudança evolutiva. Um conhecimento de todos os aspectos da seleção, portanto, é a base para um completo entendimento da evolução.

Capítulo 9 — As revoluções científicas de Thomas Kuhn acontecem mesmo?

É extraordinário como a biologia mudou nos últimos duzentos anos: primeiro, seu estabelecimento como ciência válida entre os anos 1828-66, depois a revolução darwiniana, em seguida a genética e a nova sistemática e por fim a revolução da biologia molecular. O filósofo se interessa profundamente pela natureza dessas mudanças. Foram elas graduais, ou ocorreram como uma série de revoluções científicas? E, nesse caso, qual foi a natureza dessas revoluções? Não se pode entender a natureza da ciência da biologia atualmente aceita a não ser que se entenda a natureza das mudanças conceituais dos últimos duzentos anos. Em particular, neste capítulo tento responder a questão sobre se o conceito de revoluções científicas de Kuhn encontra ou não apoio na biologia.

Capítulo 10 — Um outro olhar sobre o problema da espécie

Qualquer que seja o ramo da biologia em que se está interessado, é preciso trabalhar com espécies. Essa é a unidade principal em biogeografia, em taxonomia e em todos os ramos comparativos da biologia. A evolução é caracterizada pelas mudanças irreversíveis no plano da espécie. Considerando a importância destacada da espécie em biologia, espanta-me que ainda haja tanto desacordo e tanta incerteza sobre quase todos os aspectos da espécie. Não existe outro problema em biologia sobre o qual se tenha escrito mais e alcançado menos unidade, nos anos recentes, do que o problema da espécie. Qualquer discussão sobre a autonomia da biologia que não tente esclarecer a origem e a natureza das espécies estaria incompleta. O meu próprio relato focaliza as razões desse problema recorrente e aparentemente insolúvel e apresenta sugestões para uma solução.

Capítulo 11 — A origem dos seres humanos

Um dos achados mais chocantes de Darwin foi que a espécie humana não é algo completamente diverso do restante do mundo vivo, como quase todos acreditavam, mas sim parte dele — com efeito, que macacos eram os ancestrais dos seres humanos. Embora tal conclusão já se tivesse tornado inevitável, com base tanto na biologia comparada quanto no registro fóssil, ela foi desde então mil vezes confirmada pela biologia molecular. Particularmente interessante é que propor narrativas históricas que incluam a história de vida de nossos ancestrais torna possível reconstruir uma história dos hominídeos bem convincente. O cenário sugerido nesse capítulo se baseia largamente em inferências, mas elas podem ser testadas diante de uma grande quantidade de evidências nos fósseis e na biologia molecular. A nova narrativa histórica por mim proposta terá de ser testada várias vezes. No entanto, tem a grande vantagem de oferecer um relato coerente e bastante plausível dos vários estágios pelos quais um ancestral de tipo chimpanzé na floresta chuvosa evoluiu para o *Homo sapiens*. São precisamente os traços autônomos da biologia que possibilitam uma reconstrução plausível. Ela fornece uma fundação sólida para a reconstrução da história humana, que uma explicação baseada puramente na física jamais seria capaz de oferecer.

Capítulo 12 — Estamos sozinhos neste vasto universo?

Esta questão tem sido levantada há mais de 2 mil anos. Como produto da pesquisa espacial em anos recentes, um programa de investigação definido foi desenvolvido na tentativa de estabelecer contato com quaisquer possíveis civilizações em algum lugar do universo. Aqueles que se dedicaram a pensar sobre tal projeto podem ser facilmente separados em dois grupos. Um otimista, que consiste quase inteiramente em pesquisadores da física, sobretudo astrônomos. Eles estão convencidos de que a busca por inteligência extraterrestre é promissora. Em contraste, um grupo pessimista, que consiste em sua maioria de biólogos, desenvolveu uma lista de razões pelas quais tal busca não tem futuro. Nesse capítulo, apresento as razões biológicas, usualmente desconsideradas por astrônomos, pelas quais é tão baixa a probabilidade de sucesso.

1. Ciência e ciências

A biologia é uma ciência; tal proposição não se discute — ou será que sim? Dúvidas quanto a essa afirmação têm sido suscitadas por diferenças importantes entre várias definições de ciência de larga aceitação. Uma definição abrangente e pragmática de ciência poderia ser: "Ciência é o esforço humano para alcançar um entendimento melhor do mundo por observação, comparação, experimentação, análise, síntese e conceitualização". Outra definição poderia ser: "Ciência é um corpo de fatos ('conhecimento') e os conceitos que permitem explicar esses fatos" — e existem inúmeras outras definições. Num livro recente (Mayr, 1997: 24-44) dediquei um capítulo de vinte páginas a discutir a questão "O que é ciência?".

As dificuldades surgem porque o termo "ciência" também tem sido empregado para muitas outras atividades humanas, além das ciências naturais, tais como as ciências sociais, ciência política, ciência militar e domínios ainda mais distantes, como ciência marxista, ciência ocidental, ciência feminista e até Ciência Cristã e Ciência Criacionista. Em todas essas combinações, a palavra "ciência" é empregada em sentido enganadoramente inclusivo. Da mesma forma enganador, porém, é o extremo oposto, a decisão de alguns físicos e filósofos fisicalistas de restringir a palavra "ciência" à física fundada na matemática. Uma vasta literatura mostra como parece difícil, se não impossível, traçar uma linha entre ciência incontroversa e campos adjacentes. Tal diversidade é uma herança histórica.

Pode-se argumentar que a ciência se originou em épocas iletradas, quando as pessoas começaram a levantar as questões do tipo "como?" e "por quê?" a respeito do mundo. Grande parte do que os filósofos faziam na Grécia e nas colônias jônicas da Ásia Menor e do Sul da Itália era ciência rudimentar. A obra de Aristóteles foi um princípio muito respeitável da ciência da biologia. No entanto, aceita-se de maneira generalizada que a chamada revolução científica dos séculos XVI e XVII, descrita por Galileu, Descartes e Newton, foi o início real do que hoje é chamado de ciência. Naquela época, a maioria dos fenômenos no mundo inanimado e vivo ainda não era explicada em termos de causas naturais, e Deus ainda era considerado a causa última de tudo. No entanto, com o passar do tempo, explicações seculares foram se tornando cada vez mais adotadas e consideradas como ciência legítima. Lidava-se primariamente com dois ramos da ciência, mecânica e astronomia. Não é surpresa que naquele tempo o conceito de ciência fosse o conceito dessas duas ciências físicas. Para Galileu, a mecânica era a ciência dominante e assim permaneceu por centenas de anos.

Quando a vida intelectual ressurgiu depois da Idade Média, não havia uma palavra para o que hoje chamamos de ciência. Com efeito, a palavra inglesa *science* para o que hoje se chama de ciência só foi introduzida por Whewell em 1840. Contudo, na época da revolução científica dos séculos XVI, XVII e XVIII, a ciência era concebida de maneira muito ampla por alguns autores e de maneira muito estreita por outros.

O filósofo Leibniz foi um exemplo da concepção ampla. Para ele e seus seguidores, uma "ciência era um corpo de doutrina que podia ser conhecido sistematicamente e com alto grau de certeza; contrastava com 'opinião', aquilo que só pode ser conhecido com grau menor de certeza, ou com 'arte', aquilo que exigia mais prática que doutrina" (Garber e Ariew, 1998). A ciência, assim concebida, incluía as ciências naturais, história natural (inclusive medicina, geologia e química), matemática, metafísica e até escritos teológicos, história européia e lingüística. É essa conceitualização excessivamente ampla de ciência que ainda sobrevive no conceito alemão de *Geisteswissenschaften* [ciências do espírito, em tradução literal]. Tudo aquilo que em países anglófonos está incluído nas humanidades é referido na literatura alemã como *Geisteswissenschaften.*

Isso abrange o estudo de clássicos, filosofia, lingüística e história. Como resultado, reconhecem-se na Alemanha dois tipos de *Wissenschaften* [ciências], as ciências naturais e as *Geisteswissenschaften.* Existe de fato certa justificação para incluir algumas das disciplinas citadas das humanidades entre as ciências de verdade. Elas empregam métodos e adotam princípios análogos àqueles das ciências naturais. Isso levou ao debate acerca da linha divisória entre os dois tipos de ciência. Considerando como a biologia evolucionista é similar à ciência histórica e como é diferente da física em conceitualização e metodologia, não surpreende que seja tão difícil, de fato quase impossível, traçar uma linha definida entre as ciências naturais e as humanidades. Alguém poderia, por exemplo, posicionar essa linha entre a biologia funcional e a biologia evolucionista, anexando a biologia funcional às ciências naturais e a biologia evolucionista à ciência da história.

Um extremo é a ciência de Galileu (1564-1642). No seu tempo, existia uma só ciência, a da mecânica (incluindo a astronomia). Portanto, quando Galileu descreveu a ciência, ele a baseou em seu conhecimento de mecânica. Sem ter outras ciências para comparar com a mecânica, não percebeu que sua descrição de "ciência" (igual a mecânica) incluía dois conjuntos muito diversos de características — aqueles válidos para toda ciência genuína e aqueles válidos apenas para a mecânica. Não se deu conta, por exemplo, de que a matemática desempenha um papel muito mais amplo em mecânica do que na maioria das outras ciências. Assim, a matemática desempenhou um papel dominante na imagem da ciência de Galileu. Ele insistiu que o livro da natureza "não pode ser entendido a não ser que primeiro se aprenda a compreender a linguagem e ler os caracteres em que está composto. Ele está escrito na linguagem da matemática, e seus caracteres são triângulos, círculos e outras figuras geométricas, sem os quais é humanamente impossível entender mesmo uma única palavra nele; sem eles, vagamos em um labirinto escuro" (Galileu, 1632). Tampouco houve, como era natural, alguém que apresentasse ressalvas, porque de início não havia outras ciências para comparar com a mecânica. A física com fundamentação matemática se tornou a ciência exemplar para Galileu, Newton e todos os outros gigantes da Revolução Científica. Tal interpretação fisicalista dominou o pensamento dos filósofos da ciência. E assim permaneceu pelos 350 anos subseqüentes. Curiosamente, ignorou-se de maneira generalizada, nas discussões sobre ciência daqueles séculos, que outras ciências também já existiam. Em vez disso, essas outras ciências foram espremidas para dentro do quadro conceitual da física. A matemática permaneceu como a marca registrada da verdadeira ciência. Kant consagrou tal opinião ao dizer que "só há ciência genuína [*richtig*], em qualquer ciência, na medida em que contém matemática". E essa valorização excessiva da física e da matemática dominou a ciência até os dias de hoje. Qual seria o status científico da *Origem das espécies* (1859), de Darwin, que não contém uma simples fórmula matemática e traz um único diagrama filogenético (não uma figura geométrica), se Kant estivesse certo? E essa foi também a filosofia da ciência dos principais filósofos (tais como Whewell e Herschel) que influenciaram o pensamento de Darwin (Ruse, 1979). Não obstante, mais recentemente, vários filósofos da ciência publicaram suas *Filosofias da biologia* baseadas estritamente no quadro conceitual das ciências físicas clássicas (como Kitcher, 1984; Ruse, 1973; Rosenberg, 1985), ao mesmo tempo que ignoravam os aspectos autônomos da biologia (capítulo 2).

Sim, Deus foi o criador deste mundo e responsável, diretamente ou por meio de suas leis, por tudo que existia e ocorria. A ciência, para Galileu e seus seguidores, não era uma alternativa à religião, mas parte inseparável dela, e isso permaneceu verdadeiro do século XVI até a primeira metade do XIX, o que foi aceito pelos grandes filósofos daquele período, até mesmo Kant. No entanto, a expansão vigorosa da ciência do século XVIII e do início do XIX conseguiu encontrar uma explicação natural para cada um dos fenômenos que antes requeriam a invocação da presença de Deus. Ao final, era só da boca para fora que se honrava a noção de Galileu sobre o papel dominante da matemática em ciência.

Mesmo após o fisicalismo ter sido consideravelmente liberalizado nos últimos cem anos, continua a ser discutível a base para a filosofia da biologia que ele pode fornecer. Historiadores da física costumam exagerar a importância das grandes descobertas em física nos anos 1920 (mecânica quântica, relatividade, física de partículas elementares etc.). O historiador Pais disse, por exemplo, que as teorias de Einstein "mudaram profundamente a maneira de homens e mulheres modernos pensarem sobre fenômenos da natureza inanimada". Mas, reconsiderando, ele percebeu o exagero e corrigiu sua afirmação: "Seria na realidade melhor falar em 'cientistas modernos' do que em 'homens e mulheres modernos'". Com efeito, seria ainda melhor falar em "cientistas físicos", porque as teorias de Einstein não afetam de nenhum modo outros cientistas. De fato, para compreender as contribuições de Einstein em sua plenitude, é preciso ter formação no estilo de pensamento dos físicos e em ramos especiais da matemática. É preciso muito otimismo para estimar que mesmo um em 100 mil seres humanos vivos hoje faça alguma idéia do que é, afinal, a relatividade de Einstein. De fato, praticamente nenhuma das grandes descobertas da física nos anos 1920 teve efeito aparente na biologia.

PROLIFERAÇÃO DE CIÊNCIAS

Partindo do século XVI, a revolução científica foi acompanhada pelo surgimento de várias outras ciências, entre as quais se incluíam ciências históricas como a cosmologia e a geologia e vários campos tradicionalmente incluídos nas humanidades, como psicologia, antropologia, lingüística, filologia e história. Todas elas se tornaram mais e mais científicas nos séculos subseqüentes. Isso foi particularmente verdadeiro para as pesquisas que seriam depois combinadas sob o nome de biologia.

No século IV a.C. Aristóteles havia produzido uma notável contribuição para a biologia, em particular para sua metodologia e seus princípios. Embora poucas descobertas adicionais interessantes tenham sido feitas no período helênico e por Galeno e sua escola, a biologia permaneceu mais ou menos adormecida até o século XVI. Algumas contribuições foram feitas, no entanto, em duas áreas muito distantes. As escolas médicas a partir do século XVI começaram a obter avanços em anatomia, embriologia e fisiologia; ao mesmo tempo, a história natural, no mais amplo sentido da expressão, progredia igualmente com teólogos naturais como Ray, Derham e Paley, com naturalistas como Buffon e Lineu e com numerosos naturalistas leigos.

Como veremos, nos séculos XVII e XVIII os estudiosos do mundo vivo, tanto nas escolas médicas quanto entre historiadores naturais (teologia natural), assentaram ativamente os fundamentos para a ciência da biologia. Apesar disso, a existência de um campo como a biologia era quase universalmente ignorada por historiadores e filósofos. Uma vez que Kant (1790), em sua *Crítica do juízo*, teve tão pouco sucesso ao explicar os fenômenos do mundo vivo com auxílio de leis e princípios newtonianos, ele resolveu seu dilema atribuindo processos biológicos à teleologia. A maioria dos outros filósofos simplesmente ignorou a existência da biologia. Ciência é a física, diziam, categóricos. Em época mais recente, os escritos de filósofos da ciência da Escola de Viena até Hempel e Nagel e até Popper e Kuhn se baseavam nas ciências físicas e eram aplicáveis a elas. Quando C. P. Snow execrou o abismo entre ciência e humanidades, ele na realidade descrevia o abismo entre as ciências físicas e as humanidades. A biologia não foi mencionada em parte alguma de suas discussões. Mesmo nos anos 1970 e 1980 vários filósofos (como Hull, 1974; Ruse, 1973; Sober, 1993) escreviam filosofias da biologia essencialmente baseadas no quadro conceitual das ciências físicas. Sem dúvida, sua formação provinha da lógica ou da matemática, não da biologia.

Alguns autores se desgarraram desse monopólio das ciências físicas (com freqüência qualificado como cartesianismo) por perceberem que tais esforços estritamente fisicalistas não eram fundamentos adequados para a filosofia da biologia. Mas sua solução não era ainda a almejada, porque invocava forças ocultas (vitalismo e teleologia). Os últimos representantes célebres dessa abordagem vitalista foram Bergson (1911) e Driesch (1899) (ver capítulo 2). Embora esses autores pressentissem que o vitalismo era uma abordagem inadequada, não conseguiram encontrar uma solução melhor. Tornou-se claro para mim, nos anos 1950, que seria insatisfatória toda abordagem para uma filosofia da biologia que se baseasse essencialmente em lógica e matemática, e não em conceitos específicos da biologia. A solução teria de vir da biologia, mas o que a biologia teria de fazer para encontrá-la?

POR QUE A BIOLOGIA É DIFERENTE?

Apesar de avanços espetaculares como genética, darwinismo e biologia molecular, a biologia continuava a ser tratada como um ramo da ciência fisicalista. Apenas alguns filósofos percebiam que a mecânica, assim como todas as ciências pós-galileanas, consistia em dois tipos de atributos. Em primeiro lugar, as características que todas as ciências genuínas partilham, aí incluídas a organização e a classificação do conhecimento com base em princípios explicativos (Mayr, 1997). Os outros atributos consistem em características que são específicas de um ramo particular de ciência ou um grupo de ciências. No caso da mecânica, isso incluiria o papel especial da matemática, a fundamentação de suas teorias em leis naturais e uma tendência muito mais acentuada ao determinismo, ao pensamento tipológico e ao reducionismo do que se verifica na biologia. Nenhuma dessas características específicas da mecânica desempenha um papel importante na formação da teoria biológica.

Quando a filosofia da ciência começou a surgir, os filósofos aparentemente tomaram como pressuposto que todos os tipos de ciência eram equivalentes no que dizia respeito à filosofia. Foi por isso que Galileu, Kant e mesmo a maioria dos filósofos aplicaram à biologia, sem alteração, uma filosofia que havia sido desenvolvida com base na mecânica. E a mesma diretriz foi empregada com todas as ciências: antropologia, psicologia, sociologia e outras. Em lugar disso, o que se torna necessário é uma análise cuidadosa de cada ciência para determinar se os seus princípios e componentes básicos são adequadamente cobertos pelas explicações da mecânica e, de maneira mais abrangente, por aqueles da física. Como primeira contribuição para esse projeto, enfrentei essa tarefa para a biologia. Minhas conclusões são apresentadas no capítulo 2, "A autonomia da biologia".

2. A autonomia da biologia

Foram necessários mais de duzentos anos e a ocorrência de três conjuntos de eventos antes que uma ciência individual do mundo vivo — a biologia — fosse reconhecida. Como vou mostrar, podem-se distribuir esses eventos em três conjuntos diferentes: (A) a refutação de certos princípios equivocados, (B) a demonstração de que certos princípios básicos da física não podem ser aplicados à biologia e (C) a percepção do caráter único de certos princípios básicos da biologia, que não são aplicáveis ao mundo inanimado. Este capítulo é dedicado a uma análise desses três conjuntos de desdobramentos. Isso precisa ser feito antes que se possa aceitar a visão de uma autonomia da biologia. Sobre uma defesa anterior da autonomia da biologia, ver Ayala (1968).

A REFUTAÇÃO DE CERTOS PRESSUPOSTOS BÁSICOS EQUIVOCADOS

Sob esta rubrica trato do apoio a certos princípios ontológicos básicos que depois se mostrariam equivocados. A biologia não poderia ser reconhecida como uma ciência da mesma categoria da física enquanto a maioria dos biólogos aceitasse certos princípios explicativos básicos que não encontram apoio nas leis das ciências físicas e que depois seriam tidos como inválidos. Os dois maiores princípios aqui incluídos são o *vitalismo* e uma crença em *teleologia* cósmica. Assim que se demonstrou que esses dois princípios eram inválidos e, de maneira mais ampla, que nenhum dos fenômenos do mundo vivo está em conflito com as leis dos fisicalistas, não havia mais razão para não reconhecer a biologia como uma ciência autônoma e legítima, equivalente à física.

Vitalismo

A natureza da vida, a propriedade de estar vivo, sempre foi um enigma para os filósofos. Descartes tentou resolvê-lo simplesmente ignorando-o. Um organismo de fato nada mais é que uma máquina, disse ele. E outros filósofos, em particular aqueles com formação em matemática, lógica, física e química, tenderam a acompanhá-lo e a agir como se não houvesse diferença entre matéria viva e matéria animada. Mas isso não satisfazia a maioria dos naturalistas. Eles estavam convencidos de que num organismo vivo agem algumas forças que não existem na natureza inanimada. Concluíam que, assim como o movimento dos planetas e das estrelas é controlado por uma força oculta e invisível chamada por Newton de gravitação, os movimentos e outras manifestações de vida em organismos são controlados por uma força invisível, *Lebenskraft* [força da vida] ou *vis vitalis*. Os que acreditavam em tal força eram chamados de vitalistas.

O vitalismo foi popular do início do século XVII ao início do XX. Era uma reação natural ao mecanicismo grosseiro de Descartes. Henri Bergson (1859-1941) e Hans Driesch (1867-1941) foram vitalistas proeminentes do início do século XX. O fim do vitalismo veio quando já não podia mais encontrar seguidores. Duas causas foram em larga medida responsáveis por isso: em primeiro lugar, o fracasso de literalmente milhares de experimentos realizados para demonstrar a existência de uma *Lebenskraft*; em segundo lugar, a constatação de que a nova biologia, com os métodos da genética e da biologia molecular, era capaz de resolver todos os problemas para os quais os cientistas tradicionalmente haviam invocado a *Lebenskraft*. Em outras palavras, a proposta de uma *Lebenskraft* havia se tornado desnecessária.

Ridicularizar o vitalismo seria ir contra a história. Quem lê os escritos de alguns destacados vitalistas, como Driesch, é forçado a concordar com ele em que muitos dos problemas básicos da biologia simplesmente não podem ser resolvidos pela filosofia cartesiana, na qual o organismo é considerado como nada mais que uma máquina. Os biólogos do desenvolvimento, em particular, propuseram algumas questões desafiadoras. Por exemplo, como pode uma máquina regenerar partes perdidas, como vários organismos são capazes de fazer? Como pode uma máquina replicar a si mesma? Como podem duas máquinas fundir-se em uma única, como na fusão de dois gametas para produzir um zigoto?

A lógica crítica dos vitalistas era impecável. Mas fracassaram todos os seus esforços para encontrar uma resposta científica para os chamados fenômenos vitalistas. Gerações de vitalistas trabalharam em vão para achar uma explicação científica da *Lebenskraft*, até que se tornou claro que tal força simplesmente não existe. Foi o fim do vitalismo.

Teleologia

Teleologia é o segundo princípio inválido que teve de ser eliminado da biologia antes que se qualificasse como uma ciência equivalente à física. A teleologia lida com a explicação de processos naturais que parecem conduzir automaticamente a um fim definido ou a uma meta. Para explicar o desenvolvimento do ovo fertilizado no adulto de uma dada espécie, Aristóteles invocava a quarta causa, a *causa finalis*. Posteriormente, essa causa foi invocada para todos os fenômenos do cosmos que conduzissem a um fim ou meta. Na sua *Crítica do juízo*, Kant de início tentou explicar o mundo biológico em termos de leis naturais newtonianas, mas foi inteiramente malsucedido nessa empreitada. Frustrado, atribuiu toda *Zweckmässigkeit** (adaptação [*adaptedness*]) à teleologia. Obviamente, não era uma solução. Uma escola de evolucionistas muito difundida, por exemplo, os chamados ortogenistas, invocava a teleologia para explicar todos os fenômenos evolucionistas progressivos. Acreditavam que há na natureza viva um anseio intrínseco ("ortogênese") no sentido da perfeição. Nela cabe também a teoria da evolução de Lamarck, e a ortogênese teve muitos seguidores antes da síntese evolutiva. Não espanta que evidência alguma de tal princípio teleológico possa ter sido encontrada, e as descobertas da genética e da paleontologia afinal desacreditaram por completo a teleologia cósmica. Para uma discussão mais detalhada de teleologia, ver capítulo 3.

O QUE É BIOLOGIA?

Quando tentamos responder essa questão, vemos que a biologia na realidade consiste em dois campos bem diferentes, a biologia mecanicista (funcional) e a biologia histórica. A biologia funcional lida com a fisiologia de todas as atividades de organismos vivos, sobretudo com todos os processos celulares, incluindo

* *Zweckmässigkeit* costuma ser traduzido, em textos de filosofia, com locuções como "adequação a fins". (N. T.)

aqueles do genoma. Em última instância, tais processos funcionais podem ser explicados de maneira puramente mecanicista por química e física.

O outro ramo da biologia é a *biologia histórica*. Conhecimento de história não é necessário para a explicação de um processo puramente funcional. No entanto, é indispensável para a explicação de todos os aspectos do mundo vivo que envolvem a dimensão de tempo histórico — em outras palavras, tal como agora sabemos, todos os aspectos que lidam com evolução. Esse campo é a biologia evolucionista.

Os dois campos da biologia também diferem na natureza das discussões mais freqüentes. Com certeza, em ambos os campos se fazem perguntas do tipo "o quê?" para obter os fatos necessários para análise. A questão mais usual em biologia funcional, porém, é "como?"; em biologia evolucionista, "por quê?". Tal diferenciação não é completa porque em biologia evolucionista, ocasionalmente, também se fazem perguntas do tipo "como?" — por exemplo: como as espécies se multiplicam? No entanto, como veremos, para obter suas respostas, particularmente em casos nos quais experimentos não são apropriados, a biologia evolucionista desenvolveu sua própria metodologia, a das *narrativas históricas* (cenários hipotéticos).

Para avaliar de verdade a natureza da biologia, é preciso conhecer a diferença notável entre esses dois ramos da biologia. Com efeito, algumas das mais decisivas diferenças entre ciências físicas e biologia são verdadeiras somente para um desses dois ramos, a biologia evolucionista.

O surgimento da biologia moderna

O período de duzentos anos de 1730 a 1930, aproximadamente, testemunhou uma mudança radical no quadro conceitual da biologia. O período de 1828 a 1866 foi de muitas inovações. Nesses 38 anos, estabeleceram-se ambos os ramos da moderna biologia — biologia funcional e evolucionista. A biologia foi porém ignorada por filósofos da ciência, de Carnap, Hempel, Nagel e Popper até Kuhn. Os biólogos, mesmo quando já rejeitavam o vitalismo e a teleologia cósmica, estavam insatisfeitos com uma filosofia da biologia puramente mecanicista (cartesiana). Mas todos os esforços para escapar desse dilema — tais como os escritos de Jonas, Portmann, Von Uexküll e vários outros — invocavam de modo invariável alguma força não mecânica que não era aceitável para a maioria dos biólogos. A solução teria de satisfazer duas demandas: teria de ser completamente compatível com as leis naturais dos físicos, e não seria aceitável solução que invocasse quaisquer forças ocultas. Somente perto da metade do século XX se tornou evidente que a solução não poderia ser encontrada por um filósofo sem formação em biologia. Mas não houve um filósofo desses para fazer a tentativa.

Tornou-se claro que, para desenvolver uma ciência autônoma da biologia, era preciso duas ações adicionais. Primeiro, era preciso empreender uma análise crítica do quadro conceitual das ciências físicas. Isso revelou que alguns dos princípios básicos das ciências físicas simplesmente não são aplicáveis à biologia; tinham de ser eliminados e substituídos por princípios pertinentes para a biologia. Segundo, era necessário investigar se a biologia estava baseada em certos princípios adicionais que fossem inaplicáveis à matéria inanimada. Isso requeria uma reestruturação do mundo conceitual da ciência muito mais fundamental do que alguém pudesse imaginar naquela época. Tornou-se evidente que a publicação de *Origem das espécies*, de Darwin, em 1859, foi de fato o princípio de uma revolução intelectual que ao final resultaria no estabelecimento da biologia como ciência autônoma.

Idéias fisicalistas não aplicáveis à biologia

As idéias de Darwin foram particularmente importantes para a descoberta de que muitos conceitos básicos das ciências físicas, que até a metade do século XIX haviam sido amplamente adotados pela maioria dos biólogos, não eram aplicáveis à biologia. Discutirei agora quatro desses conceitos fisicalistas básicos, para os quais teve de ser demonstrado que não eram aplicáveis à biologia antes que se percebesse como a biologia é diferente das ciências físicas.

1. Essencialismo (tipologia). Desde os pitagóricos e Platão, o conceito tradicional da diversidade do mundo era que ela consistia em um número limitado de *eide*, ou essências, claramente delimitadas e imutáveis. Esse ponto de vista foi chamado de tipologia, ou essencialismo. A variedade aparentemente infindável de fenômenos, dizia-se, na realidade consistia num número limitado de tipos naturais [*natural kinds*] — essências, ou tipos [*types*] —, cada qual formando uma classe. Os membros de cada classe eram concebidos como idênticos, constantes e claramente separados dos participantes em qualquer outra essência. A variação, portanto, era inessencial e acidental. O essencialista ilustrava esse conceito com o exemplo do triângulo. Todos os triângulos têm as mesmas características fundamentais e são nitidamente delimitados em relação a retângulos ou qualquer outra figura geométrica. É inconcebível um intermediário entre um triângulo e um retângulo.

O pensamento tipológico, assim, é incapaz de acomodar a variação e deu origem a uma concepção enganadora de raças humanas. Caucasianos, africanos, asiáticos e inuítes são, para o tipologista, tipos que diferem distintamente de outros grupos étnicos humanos e estão separados deles de modo claro. Essa maneira de pensar conduz ao racismo. Darwin rejeitou por completo o pensamento tipológico e em seu lugar empregou um conceito inteiramente diverso, hoje chamado de *pensamento populacional* (ver abaixo).

2. Determinismo. Uma das conseqüências da aceitação de leis deterministas newtonianas foi que não restou espaço para variação ou eventos casuais. O famoso matemático e físico francês Laplace gabou-se de que um conhecimento completo do mundo presente e de todos os seus processos lhe permitiria predizer o futuro até o infinito. Mesmo os físicos logo descobriram a ocorrência de aleatoriedade e contingências suficientes para refutar a validade da presunção de Laplace. A refutação do determinismo estrito e da possibilidade de predição absoluta abriu caminho para o estudo da variação e de fenômenos casuais, tão importantes em biologia.

3. Reducionismo. A maioria dos fisicalistas era reducionista. Eles sustentavam que o problema da explicação de um sistema estava resolvido, em princípio, assim que o sistema fosse reduzido aos seus menores componentes. Tão logo se completasse o inventário de tais componentes e se determinasse a função de cada um, afirmavam, seria uma tarefa fácil explicar também tudo o que fosse observado em níveis superiores de organização. Ver capítulo 4 para um exame detalhado da validade do reducionismo.

4. A ausência de leis naturais universais em biologia. Os filósofos do positivismo lógico e, com efeito, todos os filósofos com uma formação em física e matemática, baseiam suas teorias em leis naturais, e, portanto, tais teorias são em geral estritamente deterministas. Em biologia também há regularidades, mas vários autores (Smart, 1963; Beatty, 1995) questionam severamente se elas são o mesmo que as leis naturais das ciências físicas. Ainda não há consenso quanto à solução dessa controvérsia. Leis certamente desempenham um papel, ainda que pequeno, na construção de

teorias em biologia. A razão principal dessa menor importância das leis na formulação de teorias biológicas talvez seja o papel principal do acaso e da aleatoriedade em sistemas biológicos. Outras razões para o pequeno papel das leis são o caráter único de um alto percentual dos fenômenos em sistemas vivos e também a natureza histórica dos eventos.

Devido à natureza probabilística da maioria das generalizações em biologia evolucionista, é impossível aplicar o método da falsificação de Popper para teste de teorias, porque o caso particular de uma aparente refutação de determinada lei pode não ser mais que uma exceção, como é comum em biologia. A maioria das teorias em biologia não se baseia em leis, mas em conceitos. Exemplos de tais conceitos são seleção, especiação, filogenia, competição, população, estampagem [*imprinting*], adaptação [*adaptedness*], biodiversidade, desenvolvimento, ecossistema e função.

A inaplicabilidade à biologia desses quatro princípios tão básicos nas ciências naturais contribuiu em grande medida para a idéia de que a biologia não é igual à física. Livrar-se dessas idéias inapropriadas foi o primeiro e talvez o mais árduo passo para o desenvolvimento de uma sólida filosofia da biologia.

CARACTERÍSTICAS AUTÔNOMAS DA BIOLOGIA

O último passo no desenvolvimento da autonomia da biologia foi a descoberta de vários conceitos ou princípios biológicos específicos.

A complexidade de sistemas vivos

Não há sistemas inanimados no mesocosmos que cheguem sequer perto de ser tão complexos quantos os sistemas biológicos de macromoléculas e células. Tais sistemas são ricos em propriedades emergentes porque novos grupos de propriedades sempre surgem em cada nível de integração. Uma análise quase sempre contribui para uma melhor compreensão desses sistemas, embora seja impossível redução propriamente dita (capítulo 4). Sistemas biológicos são sistemas abertos; os princípios da entropia, portanto, não são aplicáveis. Devido a sua complexidade, sistemas biológicos são dotados, de modo profuso, de qualidades como reprodução, metabolismo, replicação, regulação, adaptação, crescimento e organização hierárquica. Nada desse gênero existe no mundo inanimado.

Outro conceito biológico específico é o de *evolução.* Mesmo antes de Darwin, com certeza, os geólogos sabiam das mudanças na superfície da Terra, e os cosmólogos estavam conscientes da probabilidade de mudanças no universo, particularmente no sistema solar. O mundo como um todo, no entanto, era visto como algo muito constante, algo que não havia mudado desde o dia da Criação. Essa visão se alterou por completo após a metade do século XIX, quando a ciência se deu conta da abrangência da evolução no mundo vivo (capítulo 7).

A adoção do conceito de *biopopulação* é responsável pelo que hoje talvez seja a diferença mais fundamental entre o mundo inanimado e o vivo. O mundo inanimado consiste nas classes, essências e tipos de Platão, com os membros de cada classe sendo idênticos e a variação aparente sendo "acidental" e, assim, irrelevante. Numa biopopulação, por contraste, cada indivíduo é único, ao passo que o valor estatístico médio de uma população é uma abstração. Não existem dois entre os 6 bilhões de seres humanos que sejam iguais. Populações como um todo não diferem por suas essências, mas somente por seus valores estatísticos médios. As propriedades de populações mudam de geração para geração de maneira gradual. Pensar no mundo vivo como um conjunto de populações sempre variáveis se mesclando umas nas outras de geração a geração resulta em uma concepção do mundo totalmente diversa daquela do tipologista. O esquema newtoniano de leis imutáveis predispõe o físico a ser um tipologista, ao que tudo indica, quase por necessidade. Darwin introduziu o pensamento populacional em biologia de maneira um tanto casual, e levou muito tempo até que se percebesse que esse é um conceito inteiramente diferente do pensamento tipológico tradicional nas ciências físicas (Mayr, 1959).

Pensamento populacional e populações não são leis, e sim conceitos. Uma das diferenças mais fundamentais entre biologia e as chamadas ciências exatas é que nela as teorias são usualmente baseadas em conceitos, enquanto nas ciências físicas são baseadas em leis naturais. Exemplos de conceitos que se tornaram bases importantes de teorias em vários ramos da biologia são território, escolha da fêmea, seleção sexual, recurso e isolamento geográfico. E, mesmo que alguns desses conceitos possam ser enunciados como leis por meio de paráfrases apropriadas, eles são algo inteiramente diverso das leis naturais newtonianas.

Além disso, todos os processos biológicos diferem em um aspecto fundamental de todos os processos no mundo inanimado: estão sujeitos à *causalidade dual.* Em contraste com processos puramente físicos, os biológicos são controlados não só por leis naturais, mas também por *programas genéticos.* Tal dualidade perfaz uma demarcação clara entre processos inanimados e vivos.

No entanto, a causalidade dual, que talvez seja a mais importante característica distintiva da biologia, é uma propriedade de ambos os ramos da biologia. Quando falo de causalidade dual, obviamente não estou me referindo à distinção de Descartes entre corpo e alma, mas sim ao fato notável de que todos os processos vivos obedecem a duas causalidades. Uma delas são as leis naturais, que, em associação com o acaso, controlam por completo tudo que acontece no mundo das ciências exatas. A outra causalidade consiste em programas genéticos, que caracterizam o mundo vivo de maneira tão peculiar. Não há um único fenômeno nem um único processo no mundo vivo que não sejam parcialmente controlados por um programa genético contido no genoma. Não há uma única atividade, em qualquer organismo, que não seja afetada por tal programa. Não existe nada comparável a isso no mundo inanimado. A causalidade dual, no entanto, não é a única propriedade da biologia a apoiar a tese da autonomia da biologia. Com efeito, ela é reforçada por cinco ou seis conceitos adicionais. Discutirei agora alguns deles.

O conceito mais novo e importante introduzido por Darwin talvez tenha sido o de *seleção natural*. Seleção natural é um processo ao mesmo tempo tão simples e tão convincente que é quase um enigma a razão por que, depois de 1858, se passaram quase oitenta anos antes que fosse adotado universalmente por evolucionistas. É certo que o processo foi um pouco modificado ao longo do tempo. Chega a ser um choque para alguns biólogos entender que a seleção natural, tomada em sentido estrito, não é de modo algum um processo de seleção, mas sim de eliminação e de reprodução diferencial. São os indivíduos menos adaptados os primeiros a ser eliminados a cada geração, ao passo que os mais bem-adaptados têm uma chance maior de sobreviver e reproduzir-se.

Há muito se trava uma considerável discussão sobre o que é mais importante: variação ou seleção? Mas não há o que discutir. A produção de variação e a verdadeira seleção são partes inseparáveis de um processo único (capítulo 8). Na primeira fase, a variação é produzida por mutação, recombinação e efeitos ambientais, e na segunda fase os fenótipos variados são separados por seleção. Obviamente, durante a seleção sexual ocorre seleção real. A seleção natural é a força motriz da evolução orgânica e representa um processo largamente desconhecido na natureza inanimada. Tal processo permitiu a Darwin explicar o "projeto" [*design*] de tamanha importância nos argumentos dos teólogos naturais. O fato de que todos os organismos pareçam tão perfeitamente adaptados uns aos outros e ao ambiente foi atribuído pelos teólogos naturais ao desígnio [*design*] perfeito de Deus. Darwin, porém, mostrou que ele poderia ser tão bem explicado, ou até mais bem explicado, pela seleção natural. Essa foi a refutação decisiva do princípio da teleologia cósmica (capítulo 3).

A biologia evolucionista é uma ciência histórica

Ela é muito diferente das ciências exatas em seu quadro conceitual e em sua metodologia. Lida, em grande medida, com fenômenos únicos, tais como a extinção dos dinossauros, a origem dos seres humanos, a origem das novidades evolutivas, a explicação de tendências e taxas evolutivas e a explicação da diversidade orgânica. Não há meio de explicar esses fenômenos com leis. A biologia evolucionista tenta encontrar a resposta a questões do tipo "por quê?". Experimentos são em geral inapropriados para obter respostas a questões evolucionistas. Não podemos fazer experimentos sobre a extinção dos dinossauros ou a origem do homem. Com experimentos indisponíveis para pesquisa em biologia histórica, um notável e novo método heurístico foi introduzido: o de *narrativas históricas.* Tal como na formulação de teorias o cientista começa com uma conjectura e testa exaustivamente sua validade, assim também na biologia evolucionista o cientista constrói uma narrativa histórica, que tem então seu valor explicativo testado.

Vamos ilustrar esse método aplicando-o à extinção dos dinossauros, que ocorreu no fim do Cretáceo, cerca de 65 milhões de anos atrás. Uma primeira narrativa explicativa sugeria que eles haviam sido vítimas de uma epidemia particularmente virulenta, contra a qual não puderam adquirir imunidade. Uma boa quantidade de objeções sérias, no entanto, foi levantada contra esse cenário, que foi assim substituído por uma nova proposta, de acordo com a qual a extinção teria sido causada por uma catástrofe climática. Contudo, nem os climatologistas nem os geólogos conseguiram encontrar indícios de tal evento climático, e essa hipótese também teve de ser abandonada. Quando, porém, o físico Walter Alvarez postulou que a extinção dos dinossauros tinha sido causada pelas conseqüências do impacto de um asteróide na Terra, todas as observações se encaixavam nesse novo cenário. A descoberta da cratera de impacto em Yucatán deu ainda mais força à teoria de Alvarez. Nenhuma observação subseqüente entrou em conflito com essa teoria.

A metodologia de narrativas históricas é claramente uma metodologia de ciência histórica. Com efeito, a biologia evolucionista, como ciência, em muitos aspectos é mais similar às *Geisteswissenschaften* do que às ciências exatas. Se traçada a linha divisória entre as ciências exatas e as *Geisteswissenschaften*, tal linha cortaria a biologia bem ao meio e anexaria a biologia funcional às ciências exatas, ao mesmo tempo que classificaria a biologia evolucionista entre as *Geisteswissenschaften*. A propósito, isso revela a fraqueza da velha classificação das ciências, que foi feita por filósofos familiarizados com as ciências físicas e as humanidades, mas que ignoravam a existência da biologia.

A observação cumpre uma função tão importante nas ciências físicas quanto nas biológicas. O experimento é a metodologia mais freqüentemente usada nas ciências físicas e na biologia funcional, ao passo que na biologia evolucionista o teste das narrativas históricas e a comparação de evidências variadas são os métodos mais importantes. Essa metodologia é empregada nas ciências fisicalistas apenas por algumas disciplinas históricas, como geologia e cosmologia. O papel importante das narrativas históricas nas ciências históricas tem sido até o presente quase inteiramente ignorado por filósofos. É importante assinalar que a comparação talvez seja uma metodologia ainda mais importante e aplicada com mais freqüência nas ciências biológicas, de anatomia comparada e fisiologia comparada à psicologia comparada, do que o método de narrativas históricas. Isso também é verdadeiro para a biologia molecular, porque a comparação é indispensável na maioria das pesquisas desse campo. Com efeito, boa parte da genômica consiste em comparações de seqüências de pares de bases.

Acaso

As leis naturais resultam num produto um tanto determinista nas ciências físicas. Nem a seleção natural nem a sexual garantem um determinismo semelhante. De fato, o produto de um processo evolutivo é em geral o resultado de uma interação de inúmeros fatores secundários. O acaso, no que diz respeito ao produto funcional e adaptativo, é o grande gerador de variação. Durante a meiose, na divisão celular redutiva, ele rege tanto a permutação [*crossing-over*]* quanto o movimento de cromossomos. Curiosamente, foi por esse aspecto casual da seleção natural que tal teoria foi criticada com mais freqüência. Alguns contemporâneos de Darwin, como o geólogo Adam Sedgwick, declararam que era anticientífico invocar o acaso em qualquer explicação. Na realidade, a própria casualidade da variação era o que havia de mais característico na evolução darwiniana. Ainda hoje há muita discussão sobre o papel do acaso no processo evolutivo. A seleção, obviamente, tem sempre a última palavra.

* Fenômeno que resulta na recombinação, quer dizer, na troca de segmentos entre cromossomos do mesmo par (homólogos) na produção de gametas, produzindo com isso variedade genética. (N. T.)

Pensamento holístico

Reducionismo é a filosofia declarada dos fisicalistas. Reduza tudo a suas partes menores, determine as propriedades dessas partes e você terá explicado o sistema todo. No entanto, em um sistema biológico existem tantas interações entre as partes — por exemplo, entre os genes do genótipo — que o conhecimento completo das propriedades das menores partes necessariamente oferece apenas uma explicação parcial. Nada é mais característico de processos biológicos do que interações em todos os níveis, entre genes do genótipo, entre genes e tecidos, entre células e outros componentes do organismo, entre o organismo e seu ambiente inanimado e entre diferentes organismos. É precisamente essa interação das partes que fornece suas características mais pronunciadas à natureza, como um todo, ou ao ecossistema, ao grupo social, aos órgãos de um simples organismo. Como está assinalado no capítulo 4, rejeitar a filosofia do reducionismo não é um ataque à análise. Nenhum sistema complexo pode ser entendido a não ser por análise cuidadosa. Contudo, as interações dos componentes deve ser considerada, tanto quanto as propriedades dos componentes isolados. O modo como as partes menores são organizadas em unidades maiores tem uma importância crucial para as propriedades particulares das unidades maiores. Esse aspecto da organização e as propriedades emergentes resultantes são o que os reducionistas têm negligenciado.

Limitação ao mesocosmos

No que concerne à sua acessibilidade para os órgãos dos sentidos humanos, podem-se distinguir três mundos. Um é o microcosmo, ou o mundo subatômico das partículas elementares e suas combinações. O segundo é o mesocosmos, que vai dos átomos às galáxias, e o terceiro é o macrocosmos, o mundo de dimensões cósmicas. Como um todo, só o mesocosmos é relevante para a biologia, embora na fisiologia celular elétrons e prótons por vezes estejam envolvidos. No meu melhor entendimento, nenhuma das grandes descobertas feitas pela física no século XX contribuiu com coisa alguma para a compreensão do mundo vivo.

Observação e comparação são métodos de grande importância também nas humanidades, e portanto a biologia funciona como uma ponte importante entre as ciências fisicalistas e as humanidades. O fundamento de uma filosofia da biologia é particularmente importante para a explicação da mente e da consciência. A biologia evolucionista revelou que em tais explicações não há diferença fundamental entre seres humanos e animais. O pensamento evolucionista e o reconhecimento do papel do acaso e do que é único [*uniqueness*] também são hoje prezados nas humanidades.

Isso explica por que todos os esforços anteriores para elaborar uma filosofia da biologia no quadro conceitual das ciências físicas foram tamanhos fracassos. Biologia, percebemos agora, é de fato uma ciência em grande medida autônoma, e uma filosofia da biologia deve se basear primariamente nas características peculiares do mundo vivo, reconhecendo ao mesmo tempo que isso não está em conflito com uma explicação físico-química estrita no plano celular-molecular. *

Uma biologia autônoma pode ser unificada com a física?

Nos duzentos anos depois de Galileu havia uma ciência unificada, e ela era a física. Não havia uma biologia para causar proble-

* Para uma revisão de algumas das controvérsias entre adeptos e opositores da autonomia da biologia, ver Mayr (1996).

mas. Mas a crença reconfortante numa ciência unificada se tornou cada vez mais difícil de sustentar com o advento da biologia. Tal dificuldade recebeu ampla consideração, e organizações inteiras foram fundadas para empreender uma unificação da ciência. O caminho para chegar a isso era o reducionismo. Essa visão se baseava na convicção de que todos os fenômenos tangíveis deste mundo "estão baseados em processos naturais que em última instância são redutíveis [...] às leis da física" (Wilson, 1998: 266). Mas essa sugestão se baseava numa análise falha da biologia, que negligenciava seus componentes autônomos. Tal redução só seria possível se todas as teorias da biologia pudessem ser reduzidas às teorias da física e da biologia molecular, mas isso é impossível (ver capítulo 4). Wilson pensava que a consiliência era o mecanismo que tornaria tal redução possível. Com efeito, ele asseverou que "a consiliência é a chave para a unificação" (1998: 8) e que "a consiliência será alcançada por redução às leis da física". É um sonho bonito, mas nenhum dos traços autônomos poderia jamais ser unificado com qualquer lei da física. O esforço da unificação das ciências é a busca por uma Fata Morgana. Como se diz na linguagem popular, "não se podem unificar laranjas com bananas".

Tal conclusão é tanto mais importante por suas conseqüências numerosas. Uma delas é que não se pode basear a filosofia da biologia no quadro conceitual das ciências físicas. Tampouco pode a filosofia da biologia ser expressada pelas explicações de um único ramo da biologia, digamos, da biologia molecular. Em vez disso, ela deve basear-se nos fatos e conceitos fundamentais do mundo vivo inteiro, tal como apresentado neste capítulo.

Necessitamos de uma análise similar em todas as outras ciências, e isso nos permitirá determinar o que as várias ciências têm em comum. Mas tais análises, como apresentado neste capítulo para a biologia, ainda não foram empreendidas por nenhuma outra ciência.

A importância da biologia para o entendimento dos seres humanos

Até 1859, havia consenso quase completo quanto a seres humanos serem fundamentalmente diferentes do restante da criação. Teólogos, filósofos e cientistas estavam em total acordo. A teoria de Darwin sobre a origem de todas as espécies a partir de ancestrais comuns e sua aplicação a seres humanos resultou numa mudança fundamental. Percebeu-se então que a espécie humana era integrante da família dos macacos superiores e, como tal, um objeto legítimo de pesquisa científica. As conseqüências dessa nova visão podem ser vistas nos avanços modernos em antropologia, biologia comportamental, psicologia cognitiva e sociobiologia.

Um dos achados mais chocantes talvez tenha sido a constatação da incrível semelhança entre os genomas do homem e do chimpanzé (Diamond, 1992). E foi precisamente a comparação com o chimpanzé que conduziu a uma melhor compreensão dos seres humanos. Já não podia ser negado, por exemplo, que muitos seres humanos têm uma tendência inata para comportamento fortemente agressivo, depois que se descobriu que chimpanzés também podem apresentar comportamento agressivo similar. Mesmo assim, o altruísmo também ocorre largamente entre primatas (de Waal, 1997), e essa ancestralidade facilita a compreensão do altruísmo humano. Comparações com primatas revelaram que é inteiramente justificado pesquisar o homem com os mesmos métodos empregados com animais. Parte da filosofia dos seres humanos pode, assim, ser fundida com a biofilosofia.

3. Teleologia*

Talvez nenhuma outra ideologia tenha influenciado a biologia mais profundamente que o pensamento teleológico (Mayr, 1974, 1988, 1992). De uma forma ou de outra, era a visão de mundo que prevalecia antes de Darwin. Apropriadamente, a discussão sobre teleologia ocupa espaço considerável (10 —14%) em várias filosofias da biologia recentes (Beckner, 1959, Rosenberg, 1985, Ruse, 1973, Sattler, 1986). Essa visão de mundo finalista tem muitas raízes. Reflete-se nas crenças milenaristas de muitos cristãos, no entusiasmo pelo progresso promovido pelo Iluminismo, no evolucionismo transformacionista e na esperança de todos em um futuro melhor. Tal visão de mundo finalista, no entanto, era somente uma entre várias *Weltanschauungen* [visões de mundo] de ampla aceitação.

* Versão revisada de Mayr (1992).

Simplificando grosseiramente um quadro muito mais complexo, podem-se talvez distinguir, no período anterior a Darwin, três maneiras de encarar o mundo:

(1) Um mundo recentemente criado e constante. Esse era o dogma cristão ortodoxo, que em 1859, no entanto, havia perdido muito de sua credibilidade, ao menos entre filósofos e cientistas (Mayr, 1982). Essa visão vem sendo revivida nos últimos anos por seitas protestantes fundamentalistas.
(2) Um mundo eterno, ou constante, ou cíclico, sem exibir uma direção ou meta constante. Tudo, num mundo assim, tal como afirmado por Demócrito e seus seguidores, é devido ao acaso ou à necessidade, com o acaso sendo de longe o fator mais importante. Não há espaço para a teleologia nessa visão de mundo, em que tudo se deve a acaso ou a mecanismos causais. Ele comporta mudança, mas a mudança não é direcional; não é uma evolução. Essa visão ganhou algum apoio durante a revolução científica e o Iluminismo, mas permaneceu como uma visão bem minoritária até o século XIX. Uma polarização um tanto pronunciada se desenvolveu do século XVII para o XIX, entre os mecanicistas rigorosos, que explicavam tudo puramente em termos de movimentos e forças e que negavam toda e qualquer validade ao emprego de linguagem teleológica, e seus oponentes — deístas, teólogos naturais e vitalistas —, que acreditavam todos na teleologia, em maior ou menor medida.
(3) A terceira visão de mundo, a dos teleologistas, era a de um mundo de duração longa ou eterna, mas com uma tendência para o melhoramento ou a perfeição. Tal visão existia em muitas religiões, disseminava-se nas crenças de povos primitivos (como o Valhalla dos antigos germânicos) e estava representada no cristianismo por idéias como a do milênio e a da ressurreição. Durante a ascensão do

deísmo, após a revolução científica e durante a era do Iluminismo, havia uma crença generalizada no desenvolvimento de uma perfeição sempre crescente no mundo pelo exercício das leis de Deus. Havia a confiança numa tendência intrínseca da Natureza para o progresso ou para uma meta final. Tais crenças eram partilhadas mesmo por aqueles que não acreditavam na mão de Deus, mas que mesmo assim acreditavam numa tendência progressiva do mundo para a perfeição crescente (Mayr, 1988: 234-36). É a crença na teleologia cósmica.

Embora o cristianismo fosse sua maior fonte de apoio, o pensamento teleológico ganhou força crescente também na filosofia, de seu princípio com os gregos e Cícero até os séculos XVIII e XIX. O conceito de *Scala Naturae*, a escala da perfeição (Lovejoy, 1936), refletia a crença numa progressão ascendente ou de avanço na disposição dos objetos naturais. Poucos eram os filósofos que não exprimiam uma crença no progresso e no melhoramento. Isso também se encaixava muito bem na teoria de evolução transformacionista de Lamarck, e parece correto dizer que a maioria dos lamarckistas era também de teleologistas cósmicos. O conceito de progresso era particularmente forte nas filosofias de Leibniz, Herder, seus seguidores e, claro, entre os filósofos franceses do Iluminismo.

O que chocou T. H. Huxley "de modo mais violento num primeiro exame de *Origem das espécies* foi a convicção de que a teleologia, tal como usualmente entendida, havia recebido um golpe mortal pelas mãos do sr. Darwin" (Huxley 1870: 330). No entanto, a profecia de Huxley não se realizou. Talvez a mais popular das teorias evolucionistas não darwinianas tenha sido a da ortogênese (Bowler, 1983: 141-81º 1987), que postulava que as tendências evolutivas, mesmo as não adaptativas, se deviam a um impulso intrínseco. Embora os argumentos dos ortogenistas tenham sido eficazmente refutados por Weismann (Mayr, 1988: 499), a ortogênese continuou a ser bastante popular não só na Alemanha, mas também na França (Bergson, 1911), nos Estados Unidos (Osborn, 1934: 193-235) e na Rússia (Berg, 1926). A razão, mesmo tendo a demonstração de Darwin sobre a inconstância das espécies e sobre a descendência comum de todos os organismos tornado inevitável a aceitação da evolução, foi que a seleção natural — o mecanismo proposto por Darwin — era tão desagradável a seus oponentes entre os evolucionistas que eles lançavam mão de qualquer outro mecanismo concebível como estratégia antidarwinista. Um deles foi a ortogênese, um princípio estritamente finalista (Mayr, 1988: 234-36), que não ruiu de fato até a síntese evolucionista dos anos 1940. Simpson (1944, 1949), Rensch (1947) e J. Huxley (1942), em particular, mostraram que as séries ortogenéticas perfeitas reivindicadas pelos ortogenistas simplesmente não resistiam, quando o registro fóssil era estudado com mais cuidado; que o crescimento alométrico poderia explicar certas estruturas aparentemente excessivas; e, por fim, que a afirmação da natureza deletéria de certas características, supostamente devida a alguma força ortogenética, não era válida. Esses autores mostraram, além disso, que não havia mecanismo genético que pudesse dar conta da ortogênese.

Tanto amigos quanto opositores de Darwin ocasionalmente o classificaram como um teleologista. É verdade que ele o era no princípio da carreira, mas abriu mão da teleologia depois de ter adotado a seleção natural como mecanismo de mudança evolutiva. Se isso se deu já na década de 1850, como afirmam alguns autores, ou ainda no início da década de 1840, como indicado na pesquisa de alguns historiadores, não tem importância. Não há decerto nenhum apoio para a teleologia em *Origem das espécies*, ainda que, particularmente em seus últimos anos e em correspondências, Darwin fosse por vezes descuidado em sua linguagem (Kohn, 1989: 215-39). Apresentei anteriormente uma história bem completa da ascensão e da queda da teleologia na biologia evolucionista, sobretudo nos escritos de Darwin (Mayr, 1988: 235-55).

Todos os esforços para encontrar evidência de um mecanismo que explicasse uma finalidade geral na natureza foram malsucedidos, ou então, quando isso ocorre em organismos, foi explicado de maneira estritamente causal (ver abaixo). Como resultado, na época da síntese evolucionista dos anos 1940, não havia restado um biólogo competente que ainda acreditasse em causação final da evolução ou do mundo como um todo.

Causas finais, no entanto, são muito mais plausíveis e agradáveis para o leigo que o aparentemente tão acidental e oportunista processo de seleção natural. Por essa razão, a crença em causas finais teve influência muito maior fora da biologia do que dentro dela. Eram finalistas inveterados, por exemplo, quase todos os filósofos que escreveram sobre mudança evolutiva nos cem anos depois de 1859. Os três filósofos mais próximos de Darwin — Whewell, Herschel e Mill — acreditavam em causas finais (Hull, 1973). O filósofo alemão E. von Hartmann (1872) era um poderoso defensor do finalismo, o que estimulou Weismann a uma réplica vigorosa. Na França, Bergson (1911) postulou uma força metafísica, *élan vital* [impulso vital], que, mesmo tendo Bergson repudiado sua natureza finalista, não poderia ter sido outra coisa, considerando-se seus efeitos. Ainda existe espaço para uma boa história do finalismo na filosofia pós-darwiniana, embora Collingwood (1945) já tenha dado o primeiro passo. Whitehead, Polanyi e muitos filósofos menores também eram finalistas (Mayr, 1988: 247-8).

A refutação de uma interpretação finalista da evolução ou da natureza como um todo, no entanto, não eliminou a teleologia como um problema da filosofia. Para os cartesianos, qualquer invocação de processos teleológicos era terminantemente impensável. Vindos da matemática e da física, nada tinham em seu repertório que lhes permitisse distinguir entre processos aparentemente orientados por fins na natureza inorgânica e processos aparentemente orientados por metas na natureza viva. Eles temiam, como foi mostrado de modo bem claro por Nagel (1961, 1977), que fazer tal distinção abriria a porta para considerações metafísicas, não empíricas. Como todos os seus argumentos estavam baseados no estudo de objetos inanimados, eles ignoraram a visão comum, derivada de Arisstóteles e confirmada com ênfase por Kant, de que processos verdadeiramente orientados por fins e aparentemente propositais ocorrem apenas no mundo vivo. Em lugar disso, empregavam a teleologia para exercitar sua destreza lógica. A razão disso foi explicada por Ruse: "O que atrai filósofos para a teleologia é que não é preciso, ou pelo menos se acredita em geral que não é preciso saber absolutamente nada de biologia! [...] filósofos não querem fatores empíricos a desencaminhá-los em suas buscas neo-escolásticas" (1981: 85-101). A ironia desse cutucão contra seus colegas filósofos é que, tendo dito isso, o próprio Ruse ignorou a literatura sobre teleologia escrita por biólogos e se concentrou na revisão de livros de três filósofos conhecidos pelo descaso com a biologia. Ruse, porém, não está sozinho. Artigos e livros tratando da teleologia continuam a ser publicados em sucessão na literatura filosófica; neles, o autor tenta resolver o problema da teleologia com as mais afiadas armas da lógica, ao mesmo tempo que ignora de maneira flagrante a diversidade dos fenômenos aos quais a palavra "teleologia" tem sido ligada e, obviamente, a literatura na qual biólogos o assinalavam.

Algumas das dificuldades dos filósofos se devem à sua má interpretação dos escritos de grandes filósofos do passado. Aristóteles, por exemplo, foi com freqüência dado como finalista, e a teleologia cósmica tem sido chamada de visão aristotélica. Grene estava inteiramente correto ao assinalar que o *télos* [resultado, conclusão] de Aristóteles nada tem a ver com propósito, "seja do Homem, seja de Deus. Foi o Deus judaico-cristão quem (com a ajuda do neoplatonismo) impôs a dominância da teleologia cósmica sobre a natureza aristotélica. Tal propósito abrangente é o verdadeiro oposto da [filosofia] aristotélica" (Grene 1972: 395-424). Especialistas modernos em Aristóteles (Balme, Gotthelf, Lennox e Nussbaum) são unânimes em mostrar que a aparente teleologia de Aristóteles lida com problemas de ontogenia e adaptação em organismos vivos, no que as suas noções são notavelmente modernas (Mayr, 1988: 55-60). Kant foi um mecanicista estrito no que concerne ao universo inanimado, mas adotou provisoriamente a teleologia para certos fenômenos da natureza viva, os quais (na década de 1790) eram inexplicáveis devido à condição primitiva da biologia de então (Mayr, 1991: 123-39). Seria absurdo, no entanto, usar os comentários hipotéticos duzentos anos depois como evidência da validade do finalismo.

As razões para o estado insatisfatório das análises teleológicas na literatura filosófica já estão evidentes. Com efeito, pode-se mesmo dizer que o tratamento de problemas de teleologia nessa literatura indica como a filosofia da ciência não deve ser feita. Por pelo menos cinqüenta anos um número considerável de filósofos da ciência escreveu sobre teleologia, baseando suas análises nos métodos da lógica e do fisicalismo, "sabidamente os melhores" ou pelo menos os únicos métodos confiáveis para tais análises. Esses filósofos ignoraram os achados dos biólogos, embora a teleologia diga respeito majoritária ou inteiramente ao mundo da vida.

Eles ignoraram que a palavra "função" se refere a dois conjuntos muito diferentes de fenômenos e que o conceito de *programa* deu uma nova feição ao problema da orientação por uma meta [*goal-directedness*]; confundiram a distinção entre causalidade imediata e causalidade evolutiva e entre sistemas estáticos (adaptados) e atividades orientadas por um fim. Embora haja uma enorme literatura filosófica sobre os problemas da teleologia, aqueles livros e artigos recentes que ainda tratam a teleologia como fenômeno unitário são um tanto inúteis. Um autor que não tenha reconhecido as diferenças entre significado da teleologia cósmica, adaptação, orientação por uma meta programada e leis naturais deterministas não deu nenhuma contribuição de peso para a solução dos problemas da teleologia.

O esforço principal do filósofo tradicional foi eliminar a linguagem teleológica de todas as descrições e análises. Objetavam diante de frases como "a tartaruga nada para a praia a fim de pôr seus ovos" ou "o tordo migra para climas mais quentes de modo a escapar do inverno". Certamente, questões que começam com "o quê?" e "como?" são suficientes para a explicação em ciências físicas. No entanto, desde 1859 nenhuma explicação nas ciências biológicas esteve completa até que um terceiro tipo de questão fosse levantada e respondida: "por quê?". É a causalidade evolutiva e sua explicação que são demandadas nessa questão. Qualquer um que elimine questões evolucionistas "por quê" fecha a porta para uma grande área de pesquisa biológica. É importante, assim, que biólogos evolucionistas demonstrem que as questões do tipo "por quê?" não introduzem um novo elemento metafísico na análise e que não há conflito entre análise causal e teleológica, desde que seja precisamente especificado o que se entende por "teleológico". Apresentei em outra obra (Mayr, 1988: 38-66) uma análise detalhada dos "múltiplos significados de 'teleológico'", mas devo apresentar aqui ao menos a parte principal de minhas idéias. Nagel (1977) e Engels (1982) criticaram algumas de minhas noções. A monografia de Engels é o mais completo tratamento do problema da teleologia em língua alemã. No apanhado a seguir, incluí uma resposta às objeções desses autores. Antes de iniciá-lo, quero primeiro esclarecer um elemento confuso na literatura recente. Isso permitirá que eu mostre que as seguintes afirmações são inválidas.

(1) *Proposições e explicações teleológicas implicam o endosso de doutrinas teológicas ou metafísicas inverificáveis em ciência.* Essa crítica foi de fato válida em épocas anteriores, particularmente no século XVIII e no começo do XIX, assim como para a maioria dos vitalistas, incluindo Bergson e Driesch, e mesmo até a época moderna. Não se aplica a nenhum darwiniano que utilize linguagem teleológica (ver abaixo).

(2) *Toda explicação biológica que não seja igualmente aplicável à natureza inanimada constitui uma rejeição de uma explicação físico-química.* Essa é uma observação inválida, porque todo biólogo moderno aceita explicações físico-químicas no plano celular-molecular; além disso, porque, como será mostrado abaixo, processos aparentemente teleológicos em organismos vivos podem ser explicados de maneira materialista estrita.

(3) *Processos teleonômicos estão em conflito com a causalidade porque metas futuras não podem orientar eventos presentes.* Essa objeção, freqüentemente levantada por fisicalistas, se deve a seu fracasso na aplicação do conceito de programa, conceito que não existia no quadro clássico dos conceitos e teorias fisicalistas.

(4) *Explicações teleológicas devem qualificar-se como leis.* Na realidade, as tentativas de inserir leis em explicações teleológicas conduziram apenas a confusão (Hull, 1982: 298-316).

(5) *Télos* significa termo final ou meta; são a mesma coisa. Em contraste, para o biólogo evolucionista há uma grande diferença entre *télos* como meta e *télos* como termo final. Quando se pergunta se a seleção natural e, mais amplamente, todos os processos em evolução têm um *télos*, deve-se ter clareza qual *télos* se tem em mente.

A palavra *télos* tem sido usada na literatura filosófica em dois sentidos muito diferentes. Aristóteles a usa para se referir a um processo que tem uma meta muito definida, uma meta em geral antevista quando o processo é iniciado. O *télos* do ovo fertilizado é o adulto no qual ele se desenvolve. Para o teleologista deísta, a teleologia cósmica também tinha uma meta definida — isto é, o mundo em sua perfeição final, tal como concebida por seu criador e efetivada por Suas leis. Mas *télos* também tem sido usada para se referir à terminação de um processo com um final [*end-directed process*]. O *télos* de uma tempestade vem quando pára de chover. O dia é o *télos* da noite. Todos os processos causados por leis naturais cedo ou tarde têm um termo final, mas é equivocado usar, para essa terminação, a mesma palavra *télos* ordinariamente empregada para a meta de um processo dirigido a uma meta. O termo final de um processo não teleológico é, por assim dizer, um fenômeno *a posteriori*. Pierce (1958, vol. VII, p. 471) percebeu que o termo "teleológico" é uma palavra forte demais para aplicar a processos naturais no mundo inorgânico. Assim, ele sugeriu: "Podemos inventar o termo 'finoso' [*finious*] para exprimir sua tendência a um estado final".

Muitos filósofos da ciência pensaram que o problema da teleologia poderia ser resolvido pela explicação da orientação por uma meta em termos de função — isto é, traduzindo-se proposições teleológicas (Wimsatt, 1972: 1-80) em proposições de função (Cummins 1975: 741-65). Tal tradução também está implícita em Hempel (1965), Nagel (1961) e muitos autores desde então. Mesmo reconhecendo seis sentidos do termo "função", como faz Nagel, ou dez, como Wimsatt, todas essas propostas padecem do defeito fatal de não ter reconhecido que a palavra "função" é usada em biologia com dois sentidos muito diferentes, que devem ser cuidadosamente distinguidos em toda análise teleológica. Bock e Von Wahlert (1969: 269-99) esclareceram admiravelmente a situação ao mostrar que "função" é certas vezes usada para processos fisiológicos e noutras vezes para o papel biológico de uma característica no ciclo de vida de um organismo. "As patas de um coelho, por exemplo, têm a função de locomoção [...] mas o papel biológico dessa faculdade pode ser o de escapar de um predador, de mover-se até uma fonte de alimento, de mudar-se para um hábitat favorável, [ou] de movimentar-se em busca de um parceiro." Descrições do funcionamento fisiológico de um órgão ou de outra característica biológica não são teleológicas. Com efeito, em casos favoráveis, elas podem em grande medida ser traduzidas em explicações físico-químicas; elas se devem a causações imediatas. O que está em jogo na análise de aspectos teleológicos é o papel biológico de uma estrutura ou atividade. Tais papéis se devem a causações evolutivas. Por essa razão, em meu relato evito cuidadosamente a palavra "função" quando minha preocupação é o papel biológico de uma característica ou de um processo (ver abaixo, p. 75).

CATEGORIAS DE TELEOLOGIA

A maioria dos filósofos tratou a teleologia como fenômeno unitário. Isso ignora o fato de que o termo "teleológico" tem sido aplicado a fenômenos naturais fundamentalmente diferentes. Em tal circunstância, não é surpresa que a busca por uma explicação unificada da teleologia tenha sido infrutífera de todo até agora. Beckner (1959) pensa poder distinguir três tipos de teleologia, caracterizados pelos termos "função", "meta" e "intenção". Embora essa proposta leve a uma certa ordenação dos fenômenos, não representa uma solução bem-sucedida, devido à ambigüidade do termo "função". Woodger (1929) também viu os significados diversos da palavra "teleológico" e tentou reconhecer algumas categorias, mas não levou a análise muito adiante. Um estudo cuidadoso de todos os usos do termo "teleológico" na literatura filosófica e biológica me leva a propor uma divisão quíntupla. Uma das características principais de minha proposta é dividir a categoria de função em atividades genuinamente funcionais e acrescentar a categoria de adaptação [*adaptedness*], correspondente à história de características com um papel biológico (ver Bock e Von Wahlert, 1969). Da mesma maneira, distingo cinco diferentes processos ou fenômenos para os quais a palavra "teleológico" tem sido usada:

(1) processos teleomáticos;
(2) processos teleonômicos;
(3) comportamento com propósito;
(4) características adaptadas e
(5) teleologia cósmica.

Cada um desses cinco processos ou fenômenos é, em essência, diferente dos outros quatro e requer uma explicação inteiramente diferente. As tentativas de certos filósofos (a maioria deles!) de encontrar uma *explicação unificada* da teleologia, portanto, foram totalmente mal concebidas. O estudo científico de todos os fenômenos naturais antes designados como teleológicos retirou do tema teleologia seu antigo mistério. Agora se percebe que quatro dos cinco fenômenos que se convencionou chamar de teleológicos podem ser completamente explicados pela ciência, ao passo que o quinto, teleologia cósmica, não existe. Tal esclarecimento do conceito de teleologia contribuiu em grande medida para a conclusão de que a biologia é uma ciência genuína, sem nenhuma propriedade oculta.

Processos teleomáticos

Vários filósofos designaram como teleológico todo processo que "persiste em direção a um termo final sob condições variáveis" ou no qual "o estado final do processo é determinado por suas propriedades no começo" (Waddington, 1957). Essas definições incluiriam todos os processos na natureza inorgânica que têm um termo final. Um rio teria de ser chamado de teleológico porque flui para o oceano. Colocar tais processos na mesma categoria de processos genuinamente orientados por uma meta em organismos é por demais enganador.

Todos os objetos do mundo físico são dotados da capacidade de mudar de estado, e tais mudanças obedecem estritamente a leis naturais. Eles são dirigidos a um fim apenas de maneira automática, regulada por forças ou condições externas — isto é, por leis naturais. Designei tais processos como *teleomáticos* (Mayr, 1974) para indicar que são automaticamente realizados. Todos os processos teleomáticos chegam a um final quando o potencial é esgotado (como no resfriamento de um pedaço aquecido de ferro) ou quando o processo é barrado ao encontrar um impedimento externo (como o objeto em queda que atinge o chão). A lei da gravidade e a segunda lei da termodinâmica estão entre as leis naturais que com maior freqüência regem os processos teleomáticos.

Aristóteles distinguiu claramente processos teleomáticos dos teleológicos encontrados em organismos e se referiu aos primeiros como sendo causados "por necessidade" (Gotthelf, 1976). São esses a maioria dos processos chamados de "finosos" [*finious*] por Pierce (1958). Eles podem ter um termo final, mas nunca têm uma meta. A questão "para quê?" (*wozu?*) é inapropriada para eles. Não se pode perguntar com que propósito o raio atingiu determinada árvore ou com que propósito uma enchente ou um terremoto matou milhares de pessoas.

O decaimento radiativo é um processo teleomático; ele não é controlado por um programa. Uma pepita de urânio vai apresentar decaimento radiativo regido pelas mesmas leis físicas como qualquer outra, em contraste com programas, que são muito específicos e com freqüência únicos. As leis naturais interagem com as propriedades intrínsecas do material sobre o qual agem. Materiais diferentes têm propriedades diferentes, e a taxa de resfriamento pode diferir de uma substância para outra. Mas propriedades inerentes, as mesmas para qualquer amostra da mesma substância, são algo inteiramente diverso de um programa codificado. Isso é verdadeiro até no plano molecular. Determinada macromolécula tem propriedades inerentes, mas isso por si só não é um programa. Programas são formados por uma combinação de moléculas e outros componentes orgânicos.

Predição não é um critério definidor para um programa. Se deixo cair uma pedra de minha mão, posso predizer que ela cairá ao chão. Assim, diz Engels (1982), ela está programada para cair ao chão, e não há diferença entre processos teleomáticos e teleonômicos. Esse é o mesmo argumento dado por Nagel (1977) a respeito do decaimento radiativo. Um exemplo mostrará como tal argumento é enganador: em algum lugar nas montanhas, uma pedra em queda mata uma pessoa. Engels teria de dizer que essa pedra estava "programada" para matar uma pessoa. As situações terminais muito gerais provocadas por leis naturais são algo inteiramente diverso das metas muito específicas codificadas em programas. A existência de programas, é óbvio, de modo algum conflita com leis naturais. Todos os processos físico-químicos durante o transcurso e a execução de um programa obedecem estritamente a leis naturais. Mas negligenciar o papel da informação e da instrução resulta, de modo inevitável, numa descrição por demais enganadora de programa. Alguém poderia explicar um computador estritamente em termos de leis naturais, tendo o cuidado de evitar toda referência a informação e instrução?

Processos teleonômicos

O termo teleonômico tem sido usado em vários sentidos. Quando Pittendrigh (1958) introduziu o termo, não conseguiu oferecer uma definição rigorosa. Como resultado, vários autores o empregaram tanto para funções programadas quanto para adaptação, como fizeram por exemplo Davis (1961), Simpson (1958), Monod (1970) e Curio (1973). Restringi o termo "teleonômico" a atividades programadas (Mayr, 1974) e ofereço agora a seguinte definição: *um processo ou comportamento teleonômico é aquele que deve sua orientação por uma meta à influência de um programa evoluído.* O termo "teleonômico", assim, implica direcionamento a uma meta em processos ou atividades. Trata estritamente de causações últimas, que ocorrem em processos celulares de desenvolvimento e são mais comuns no comportamento de organismos. "O comportamento [...] orientado para uma meta está extremamente disseminado pelo mundo orgânico; por exemplo, a maioria das atividades relacionadas a migração, obtenção de alimento, corte, ontogenia e todas as fases da reprodução é caracterizada por tal orientação por uma meta. A ocorrência de processos orientados por uma meta talvez seja o traço mais característico do mundo dos organismos vivos" (Mayr, 1988: 45). Às vezes se afirma que Pittendrigh e eu introduzimos o termo "teleonômico" como um substituto para o termo "teleológico". Não é verdade; na realidade, é um termo para apenas um dos cinco diferentes sentidos do termo teleológico, altamente heterogêneo.

Em minha proposta original (Mayr, 1974), sugeri que se poderia expandir a aplicação do termo "teleonômico" para incluir também o funcionamento de artefatos humanos (como os dados viciados) dispostos de maneira a assegurar uma meta almejada. Esse uso ampliado do termo foi criticado, e agora considero que artefatos humanos são somente análogos. Atividades verdadeiramente teleonômicas dependem da posse de um programa genético.

Todo comportamento teleonômico é caracterizado por dois componentes. Ele é guiado por "um programa" e depende da existência de algum termo final, meta ou término que está "previsto" no programa que regula o comportamento ou processo. Esse termo final poderia ser uma estrutura (no desenvolvimento), uma função fisiológica, a obtenção de uma posição geográfica (na migração) ou um "ato consumador" (Craig, 1916) no comportamento. Cada programa específico é resultado de seleção natural, constantemente ajustado pelo valor seletivo do termo final atingido.

A palavra-chave na definição de teleonômico é *programa* genético. A importância do reconhecimento da existência de programas repousa no fato de que o programa é (A) algo material e (B) algo que já existe antes da iniciação do processo teleonômico. Isso mostra que não há conflito entre teleonomia e causalidade. A existência de processos teleonômicos regulados por programas evoluídos é a razão das causalidades duais em biologia, devido às leis naturais (como nas ciências físicas) e devido a programas genéticos (não encontrados nas ciências físicas).

Um programa pode ser definido como *informação codificada ou pré-organizada que controla um processo (ou comportamento) que conduz em direção a uma meta.* O programa contém não somente a planta arquitetônica [*blueprint*] da meta, *mas também as instruções sobre como usar a informação na planta arquitetônica.* Um programa não é a descrição de uma dada situação, mas um conjunto de instruções.

Aceitar o conceito de programa não parece causar dificuldade alguma para um biólogo familiarizado com genética ou para qualquer cientista familiarizado com o funcionamento de computadores. No entanto, programas, como os que controlam processos teleonômicos, não existem na natureza inanimada. Filósofos tradicionais da ciência, familiarizados apenas com lógica e física, tiveram portanto uma grande dificuldade em compreender a natureza de programas, como fica bem ilustrado nos escritos de Nagel (1961).

Referências à suposta existência de algo como um programa no genoma ou nas células de organismos podem ser encontradas na literatura biológica se recuarmos ao século XIX. E. B. Wilson, após descrever a maneira notavelmente teleonômica com que a segmentação de um ovo tem lugar, prossegue assim: "tal conclusão não precisa envolver doutrina mística de teleologia ou de causas finais. Significa apenas que os fatores pelos quais a segmentação é determinada estão em maior ou menor grau interligados com uma organização subjacente do ovo que precede a segmentação e é responsável pelo processo morfogênico geral. A natureza dessa organização é quase desconhecida, mas podemos proceder com sua investigação apenas com a premissa mecanicista de que envolva algum tipo de configuração material na substância do ovo" (Wilson, 1925). É importante enfatizar mais uma vez, porque isso é quase invariavelmente mal compreendido na literatura clássica sobre teleologia, que a meta de uma atividade teleonômica não repousa no futuro, mas está codificada no programa. Não se sabe o suficiente sobre a base genético-molecular de tais programas para que se possa dizer muita coisa além de que eles são inatos ou parcialmente inatos. A existência de um programa é inferida de suas manifestações no comportamento das atividades do portador do programa. A existência desses programas genéticos em organismos (= causas últimas) é o resultado de causas imediatas que agiram durante a história evolutiva passada dos organismos.

Conceitos que correspondem ao de programa remontam até mesmo à Antigüidade. Afinal, o *eidos* tinha muitas das propriedades que atribuímos agora ao programa genético, como foi assinalado por Jacob (1970) e Delbrück (1971). Assim foi com o *moule intérieur* [molde interior], de Buffon (Roger, 1989), tal como as várias especulações sobre memórias inatas de Leibniz e Maupertuis a Darwin, Hering e Semon. Por mais sólida que tenha sido a intuição desses pensadores, ela requeria uma compreensão da natureza de DNA do genoma para que o programa genético pudesse ser considerado um conceito científico válido.

O estudo de programas teleonômicos mostrou que vários tipos podem ser distinguidos. Um programa no qual instruções completas são dispostas no DNA do genótipo é chamado de *programa fechado* (Mayr, 1964). A maioria dos programas que controlam o comportamento instintivo de insetos e de vertebrados inferiores parece ser, em grande medida, programas fechados. Não se sabe ainda até que ponto informação nova pode ser incorporada em programas supostamente fechados. Existem, no entanto, outros tipos de programa, *programas abertos*, que estão constituídos de maneira tal a poder incorporar informação adicional durante o curso da vida, adquirida por meio de aprendizado, condicionamento ou outras experiências. A maior parte dos comportamentos em animais superiores é controlada por tais programas abertos. Sua existência é conhecida há muito tempo por etólogos, sem que eles tenham introduzido uma terminologia especial. No famoso caso da reação de seguir no jovem ganso, o programa aberto provê a "reação de seguir", mas o objeto específico (o "progenitor") a ser seguido é acrescentado pela experiência (por "estampagem"). Programas abertos são muito freqüentes no programa de comportamento de organismos superiores, mas até em alguns invertebrados há amiúde oportunidade de fazer uso da experiência individual ao preencher programas abertos — por exemplo, com respeito a alimento aceitável e inimigos potenciais ou o local de nidificação em vespas solitárias.

Os programas que controlam atividades teleonômicas de início foram pensados exclusivamente em termos do DNA do genoma.

No entanto, em acréscimo a tais programas genéticos poderia ser útil reconhecer *programas somáticos.* "Por exemplo, quando um peru macho se exibe para uma fêmea, seus movimentos de exibição não são diretamente controlados pelo DNA nos núcleos de suas células, mas sim por um programa somático em seu sistema nervoso central. Certamente esse programa neuronal foi fixado durante o desenvolvimento sob o controle parcial de instruções do programa genético" (Mayr, 1988: 64). Programas somáticos são particularmente importantes no desenvolvimento. Cada estágio na ontogenia, ao lado de circunstâncias ambientais relevantes, representa, por assim dizer, um programa somático para o passo seguinte no desenvolvimento. A maior parte das estruturas embrionárias que foram citadas como evidência para a recapitulação, como os arcos branquiais de embriões tetrápodes, é presumidamente de programas somáticos. A razão pela qual não foram removidos pela seleção natural é que isso teria interferido seriamente no desenvolvimento subseqüente. A existência e o papel de programas somáticos têm sido considerados por embriologistas pelo menos desde Kleinenberg (1886).

Os vários tipos de programas não estão separados por limites bem definidos. Todos são resultado de causas imediatas que agiram durante a história evolutiva passada do organismo. E todos estão associados com o conceito de causação final.

Tomar emprestado da informática o termo "programa" não é um caso de antropomorfismo. Há uma grande equivalência entre o "programa" dos teóricos da informação e os programas genéticos e somáticos dos biólogos. A origem dos programas é um tanto irrelevante para sua definição. Pode ser produto da evolução, como todos os programas genéticos, ou pode ser a informação adquirida em um programa aberto. Pode ser genético, seja ele fechado ou aberto, ou pode ser somático, quando informação adicional, adquirida durante a vida do indivíduo, é acrescentada à instrução do programa genético.

Uma objeção levantada ao conceito de programa é que reflexos também seriam, então, atividades teleonômicas. Por que não? Alguns deles sem dúvida o são. Sherrington (1906: 235) estava inteiramente ciente do significado do reflexo como ato adaptativo. Ele disse que "o propósito de um reflexo parece tão legítimo e urgente para a investigação natural quanto o propósito da coloração de um inseto ou de um botão de flor. E a importância do reflexo para a fisiologia é que ele não pode se tornar de fato inteligível para o fisiologista até que saiba seu objetivo". A pálpebra está claramente programada para se fechar por reflexo quando um objeto ou perturbação ameaçadores se aproxima do olho. Uma função adaptativa similar é evidente em muitos reflexos. Outros reflexos, como o do joelho, tão apreciado pelos médicos, parecem ser apenas uma propriedade irrelevante de certos nervos, tão irrelevante quanto o som do coração para seu funcionamento. Seria muito útil se um neurofisiologista algum dia analisasse os reflexos mais conhecidos em busca de possíveis significados adaptativos.

A direcionalidade da ação teleonômica é provocada por vários dispositivos — antes de mais nada, obviamente pelo próprio programa —; mas o programa não induz um simples desdobrar de alguma *Gestalt* [forma] completamente preformada, porque ele sempre controla um processo mais ou menos complexo que precisa admitir perturbações internas e externas. Processos teleonômicos durante o desenvolvimento ontogenético, por exemplo, estão sob risco constante de sair dos trilhos, ainda que apenas temporariamente. Waddington (1957) com acerto chamou a atenção para a freqüência e a importância dos dispositivos homeostáticos que corrigem tais desvios; eles virtualmente garantem a canalização apropriada do desenvolvimento.

Feedbacks negativos cumprem uma importante função não só no desenvolvimento, mas também em muitos outros processos teleonômicos. Não constituem, porém, a essência da atividade teleonômica. Como assinalei antes, "o aspecto verdadeiramente característico do comportamento que visa a uma meta não é que existam mecanismos a incrementar a precisão com que a meta é alcançada, mas sim que existam mecanismos a iniciar, isto é, a causar esse comportamento que visa a uma meta" (Mayr, 1988: 46).

Comportamento proposital em organismos pensantes

Vários filósofos usaram intenções humanas e atos propositais como ilustrações exemplares de processos teleológicos. Isso introduz conceitos como propósito, intenção e consciência na discussão e a transforma num aspecto da psicologia humana. Mas esse campo é controverso ao extremo e, numa abordagem anterior da teleologia (Mayr, 1992), excluí das discussões o comportamento proposital.

Muitos trabalhos recentes sobre comportamento animal me convenceram desde então que eu estava errado. Comportamentos propositais claramente orientados por metas são disseminados entre animais, sobretudo entre mamíferos e aves, e se qualificam plenamente a ser chamados de teleológicos. Várias espécies do pássaro gaio enterram bolotas e pinhões no outono, retornam a esses esconderijos (que eles memorizam de maneira notavelmente precisa) e recuperam esse alimento, quando no final do inverno as fontes naturais de alimentos estão exauridas de todo. A literatura sobre comportamento animal está cheia de descrições de comportamento animal claramente proposital, revelando planejamento cuidadoso. Outro exemplo famoso é a estratégia de caça das leoas. Quando prepara um ataque, o grupo pode se separar em dois, um dos quais se desloca para trás da vítima, cortando sua rota de fuga. Nesse planejamento proposital, não há em princípio diferença entre seres humanos e animais pensantes.

Características adaptativas

Características que contribuem para a adaptação de um organismo costumam ser apontadas na literatura filosófica como sistemas teleológicos ou funcionais. Ambas as designações são potencialmente mal compreendidas. Essas características são sistemas estacionários, e, como apontei antes (Mayr 1988: 51-2), a palavra "teleológico" não parece apropriada para fenômenos que não envolvem movimentos.

A designação "sistema teleológico" é enganadora por uma segunda razão. Ela foi adotada pela literatura filosófica mais antiga sob a premissa de que essas características se originaram por meio de alguma força teleológica da natureza. Essa premissa era em grande medida uma herança da teologia natural, com sua crença de que a utilidade de cada característica havia sido concedida por Deus. A falácia desse pensamento foi refutada de maneira particularmente eficaz por Dawkins em seu esplêndido livro *O relojoeiro cego* (1986). O interesse de Immanuel Kant em teleologia se concentrava nas características adaptativas. Devido ao parco conhecimento de biologia disponível no final do século XVIII, ele não conseguiu fornecer uma explicação causal. Assim, atribuiu a adaptação a forças teleológicas, com as quais quis indicar, presumivelmente, a mão de Deus (Mayr, 1988: 57-9, 1991). Desde 1859 esse derrotismo se tornou desnecessário. Darwin nos ensinou que mudanças evolutivas aparentemente teleológicas e a produção de características adaptativas são apenas o resultado de evolução variacional, que consiste na produção de grande quantidade de variação a cada geração e na sobrevivência probabilística daqueles indivíduos que restam após a eliminação dos fenótipos menos aptos. A adaptação, assim, é um resultado *a posteriori*, e não a busca *a priori* de uma meta. Por essa razão, a palavra "teleológico" é enganadora quando aplicada a características adaptativas.

Tampouco se deve falar em sistemas funcionais, em razão do confuso significado duplo da palavra "função". Com efeito, a maioria dos que usam a terminologia "sistemas funcionais" se refere ao papel biológico dessas características e de sua eficácia ao executar esse papel. Causações imediatas e finais (evolutivas) foram com freqüência confundidas nas discussões funcionalistas. Munson (1971) e Brandon (1981) assinalaram, de maneira excelente, as razões pelas quais uma linguagem adaptacionista, em associação com características adaptativas e com uma resposta a questões do tipo "para quê?", é preferível a uma linguagem teleológica ou funcional.

Uma das marcas das características adaptativas é que elas podem executar atividades teleonômicas. São, por assim dizer, órgãos executivos para programas teleonômicos. Assim, sugeri (Mayr, 1988) que elas talvez possam ser consideradas programas somáticos.

Mais do que qualquer outra coisa, foi a existência de características adaptativas que levou biólogos a fazerem perguntas do tipo "por quê?". A primeira área da biologia em que foram usadas foi a pesquisa fisiológica. Quando perguntaram a Harvey o que o havia induzido a pensar na circulação do sangue, ele respondeu: "Eu me perguntei por que há válvulas nas veias" (Kraft, 1982). Evidentemente, elas permitem apenas um fluxo unidirecional do sangue, e isso, de modo quase automático, levou a uma premissa de circulação. Uma seqüência de descobertas fisiológicas resultou de perguntas do tipo "por quê?" em relação a órgãos com função desconhecida. Tais questões do tipo "por quê?" e "para quê?" depois se tornaram igualmente produtivas em outros ramos da biologia, e o valor heurístico dessa metodologia ainda não foi de modo algum esgotado.

Teleologia cósmica

Antes do século XIX, era quase universal a crença de que a mudança no mundo se devia a uma força interior ou a uma tendência para o progresso e para uma perfeição sempre crescente (ver acima). Gillispie (1951), Glacken (1967) e eu (Mayr, 1982) descrevemos o poder imenso dessa ideologia. Até mesmo em 1876, K. E. von Baer ainda fazia uma defesa apaixonada do reconhecimento do finalismo para agradar aquelas pessoas "que consideram o mundo, e em particular o mundo orgânico, como o resultado de um desenvolvimento que tende para metas superiores e é guiado pela razão" (1876). Os mais determinados opositores da seleção natural eram teleologistas, e teorias teleológicas da evolução (ortogênese etc.) continuaram dominantes até o início do século XX (Kellogg, 1907; Mayr, 1982; Bowler, 1983, 1987).

Quando se começou a perceber que o mundo não era nem recente nem constante, três categorias de explicação para mudanças aparentemente finalistas foram apresentadas:

(1) Tais mudanças se devem à ação de um planejador evolucionista (explicação teísta).
(2) Tais mudanças são guiadas por um programa embutido, análogo ao programa teleonômico no genótipo de um indivíduo (explicação ortogenética). Grande parte da pesquisa pós-darwiniana resultou na oferta de evidências de que tal programa cósmico não existe e de que as irregularidades da evolução cósmica são grandes demais para ser conciliadas com a existência de um programa. Com efeito, na época da síntese evolucionista (entre os anos

1930 e 1940) havia desaparecido todo o apoio a teorias ortogenéticas.

(3) Não há teleologia cósmica; não há nenhuma tendência no mundo para o progresso ou a perfeição. Quaisquer mudanças ou tendências no cosmos são observadas no curso da história do mundo, são o resultado da ação de leis naturais e da seleção natural. Essa terceira explicação está tão de acordo com os fatos observados que torna desnecessário invocar as outras duas explicações.

A refutação da teleologia cósmica nos deixa um problema não solucionado: como se pode explicar a tendência aparentemente ascendente na evolução orgânica? Um autor depois do outro se referiu à progressão desde os mais ínfimos procariotos (bactérias) até os eucariotos nucleados, os metazoários, mamíferos e pássaros de sangue quente e, finalmente, os seres humanos e seus cérebros, fala e cultura elaborados. Os defensores da ortogênese nunca se cansaram de afirmar que isso era evidência irrefutável de algum poder intrínseco na natureza viva em prol do progresso, se não de uma meta final. Mais uma vez, foi Darwin quem mostrou que tal premissa não era inevitável. O processo de seleção natural, atuando em cada população uma geração após a outra, constitui com efeito um mecanismo que favorece a ascensão de espécies mais e mais adaptadas; ele favorece a invasão de novos nichos e zonas adaptativas; e, como resultado final da competição entre espécies, favoreceria o desenvolvimento do que se descreveria melhor como tipos avançados. Descritivamente, não há dúvida sobre o que aconteceu ao longo das diversas etapas que vão das mais primitivas bactérias aos seres humanos. Ainda é controverso se há justificativa para se referir a isso como progresso. Uma coisa está clara, porém: a seleção natural oferece uma explicação satisfatória para o curso da evolução orgânica e torna desnecessário invocar forças teleológicas sobrenaturais. E os que aceitam a ocorrência de avanço ou progresso em evolução não a consideram devida às forças ou tendências teleológicas, mas como produto da seleção natural.

O STATUS ATUAL DA TELEOLOGIA

A remoção dos quatro processos materiais mencionados da categoria anteriormente tão heterogênea de "teleológico" não deixa resíduo, o que prova a inexistência da teleologia cósmica.

O reconhecimento de que quatro supostos processos teleológicos — isto é, processos teleonômicos, processos teleomáticos, a obtenção de adaptação por seleção natural e o comportamento proposital — são fenômenos estritamente materiais privou a teleologia de seu mistério anterior e de ressonâncias sobrenaturais. Existe adaptação (a *Zweckmässigkeit*, de Kant) na natureza viva, mas Darwin mostrou que sua origem pode ser explicada de maneira materialista. Embora existam de fato muitas atividades e processos orgânicos que são claramente orientados por metas, não há necessidade de envolver forças sobrenaturais, porque a meta já está codificada no programa que dirige essas atividades. Tais processos teleonômicos, em princípio, podem ser reduzidos a causas químico-físicas. Afinal, existem na natureza inorgânica todos os processos que tendem a um fim e se devem simplesmente à operação de leis naturais, tais como gravidade e leis da termodinâmica. Nenhum dos quatro processos teleológicos reconhecidos opera retroativamente desde uma meta futura; não existe causação retroativa. Isso refuta a freqüente alegação de um conflito entre explicações causais e teleológicas. Tal alegação poderia ser verdadeira se a teleologia cósmica existisse, mas é inválida para os quatro casos de teleologia hoje aceitos pela ciência.

TELEOLOGIA E EVOLUÇÃO

Depois que Darwin estabeleceu o princípio da seleção natural, esse processo foi amplamente interpretado como teleológico, tanto por adeptos quanto por opositores. A própria evolução era com freqüência considerada um processo teleológico, porque levaria a "melhoramento" ou "progresso" (Ayala, 1970). Uma interpretação assim talvez não fosse de todo desarrazoada no quadro do paradigma transformacional lamarckista. No entanto, deixa de ser uma visão razoável quando se considera integralmente a natureza variacional da evolução darwiniana, que não tem uma meta final e, por assim dizer, começa de novo a cada geração. Quando muito, o processo de seleção natural pode satisfazer a definição de Pierce para processos "finosos" (Pierce, 1958; Short, 1984); contudo, considerando como é freqüente a evolução levar a becos sem saída fatais e como as recompensas variam durante seu curso, resultando num movimento irregular de ziguezague na mudança evolutiva, parece singularmente impróprio usar o termo "teleológico" para qualquer forma de evolução direcional. Decerto é a seleção natural um processo de otimização, mas não tem meta definida, e, considerando o número de restrições e a freqüência de eventos aleatórios, seria por demais equivocado chamá-la de teleológica. Nenhum melhoramento em adaptação tampouco constitui um processo teleológico, porque a decisão quanto a uma mudança evolutiva qualificar-se como contribuição para a adaptação é estritamente *post hoc*. Nenhum dos quinze autores que contribuíram para um volume recente sobre seleção natural e otimização no curso da evolução (Dupré, 1987) empregou o termo "teleológico".

Isso precisa ser relembrado quando se encontra linguagem teleológica em interpretações evolucionistas (O'Grady, 1984).

Quando um autor diz que uma espécie desenvolveu mecanismos de isolamento para proteger sua integridade genética, isso quer dizer apenas que indivíduos que evitaram hibridizar com indivíduos de outra espécie tiveram sucesso reprodutivo maior do que aqueles que hibridizaram. Assim, uma predisposição genética para não hibridizar foi recompensada com sucesso reprodutivo (Mayr, 1988). A seleção natural lida com propriedades de indivíduos de determinada geração; ela simplesmente carece de uma meta de longo alcance, embora assim pareça quando se olha para trás, abrangendo uma longa série de gerações. É lamentável que alguns autores, mesmo na literatura mais recente, pareçam dotar a evolução de uma capacidade teleológica. Ainda em 1985 J. H. Campbell dizia: "Torna-se cada vez mais evidente que o organismo desenvolve estruturas especiais para promover suas capacidades de evoluir, e que essas estruturas expandem enormemente o escopo do processo evolutivo. Mesmo assim, função é um conceito fundamentalmente teleológico, sobretudo quando aplicado ao processo evolutivo" (Campbell, 1985). Como Munson (1971) apontou com precisão, um uso assim duvidoso da palavra "teleológico" é fácil de ser evitado quando se lança mão de linguagem adaptacionista.

4. Análise ou reducionismo?

Trata-se apenas de uma questão de bom senso acreditar que um fenômeno complexo não pode ser completamente entendido, a não ser que seja dissecado em componentes menores, cada um dos quais deve ser estudado em separado. Essa abordagem já era adotada por princípio pelos filósofos jônicos quando reduziam os fenômenos naturais a quatro elementos básicos — terra, água, ar e fogo —, e a análise tem sido desde então uma tradição em filosofia e ciência. O anatomista não estudava o corpo como um todo, mas tentava entender seu funcionamento dissecando-o em seus componentes, órgãos, nervos, músculos e ossos. O objetivo da microscopia era estudar componentes cada vez menores de tecidos e células. A tarefa de empreender a análise em níveis cada vez mais inferiores, para componentes cada vez menores, foi motivada primariamente pelo fato de se tratar de uma metodologia muito heurística.

Grande parte da história da biologia é um relato dos triunfos dessa abordagem analítica. A diversidade orgânica como um todo foi intratável até que os organismos fossem segregados em espécies. A teoria celular de Schwann e Schleiden fez tanto sucesso porque mostrava que plantas e animais são constituídos dos mesmos elementos estruturais básicos: células. A fisiologia fez suas descobertas mais importantes por meio da análise mais cuidadosa dos órgãos principais, até as células e as macromoléculas. E um sucesso similar da análise pode ser evidenciado para qualquer disciplina biológica. Devido a essa história ininterrupta de sucessos, ninguém questionaria a importância heurística da análise.

Os mecanicistas, em sua oposição ao vitalismo, demandavam que todos os fenômenos vivos fossem analisados até os elementos componentes de nível mais inferior, para mostrar que não restava resíduo algum após tudo ter sido explicado em termos de física e química. Isso culminou com a famosa declaração de Berlim pelos fisiologistas Brücke, DuBois-Reymond e Helmholtz: "promover a verdade segundo a qual não há outras forças ativas no mundo orgânico além das forças físicas e químicas comuns". Eles limitaram sua alegação às forças; não a aplicaram a sistemas, conceitos ou mesmo processos. Apesar disso, o poder explicativo dessa abordagem parecia tão persuasivo que mesmo o naturalista Weismann falou animadamente de certos processos biológicos como algo devido ao "movimento de moléculas".

Numa época posterior, ao se tentar explicar fenômenos biológicos em termos de química e física, o processo não era mais referido como análise, mas como *redução*. Esse termo foi com freqüência enganoso, como eventos posteriores vieram a mostrar. Os reducionistas chamavam seus opositores de anti-reducionistas, de novo um termo infeliz, porque muitos deles eram apenas não-reducionistas que conduziam sua análise somente até aquele plano mais inferior em que ela ainda colhia informação útil. Não eram reducionistas porque não adotavam a crença dos reducionistas científicos de que "em princípio" tudo na natureza viva poderia ser reduzido a química e física (Mayr, 1988) ou de que tudo em ciência poderia ser entendido integralmente no nível mais baixo de organização.

A composição dos dois partidos, os reducionistas e os não-reducionistas, mudou de maneira um tanto drástica ao longo do tempo. Enquanto o vitalismo ainda estava vivo e era promovido por autores destacados como Driesch, Bergson, J. B. S. Haldane, Smuts e Meyer-Abich, todos os biólogos não vitalistas adotavam de um modo ou de outro o credo reducionista. No entanto, depois que o vitalismo se tornou obsoleto, a crença no reducionismo estrito ficou cada vez mais confinada aos fisicalistas, ao passo que a maioria dos biólogos adotava um organicismo holista. Eles aceitavam a análise construtiva, mas rejeitavam as formas mais extremas de reducionismo.

Mesmo no já adiantado século XX, filósofos confundiam análise e redução de maneira quase contínua. No entanto, ter isolado todas as partes, mesmo as menores, não é suficiente para uma explicação completa da maioria dos sistemas, tal como alegado pelos reducionistas. Para uma explicação completa, é necessário entender também a interação entre essas partes. Como T. H. Huxley assinalou muito tempo atrás, decompor a água nos gases hidrogênio e oxigênio não explica a "aquosidade" da água.

Uma abordagem que inclua o estudo das interações de níveis superiores em um sistema complexo é chamada de holista. Ela é incompatível com as tentativas variadas de filósofos, fisicalistas e alguns biólogos "de reduzir a biologia a física e química".

Se fossem verdadeiras as alegações dos reducionistas, de que qualquer fenômeno requer, para sua explicação plena, somente uma dissecação completa em suas menores partes e uma explanação das propriedades dessas partes menores, a importância de cada ramo da ciência seria tanto maior quanto mais perto estivesse do nível das partes menores. É desnecessário dizer que os ocupados em ramos mais complexos de ciência viram nessa alegação apenas uma manobra de químicos e físicos para aumentar a importância de seus próprios campos. Como disse corretamente Hilary Putnam: "O que [o reducionismo] fomenta é adoração da física associada à negligência para com ciências de 'nível superior'. A obsessão com o que é supostamente possível em princípio combina com a indiferença em relação à prática e à estrutura real da *prática*" (1973).

Rivalidade reducionista existia não apenas entre ciências mas também no interior delas. Nos tempos em que a biologia molecular pensava que estava a ponto de substituir todos os outros ramos da biologia, o bioquímico George Wald disse que a biologia molecular não deveria ser concebida como um campo especial ou um tipo diferente de biologia: "Ela é o todo da biologia" (Wald, 1963). No mesmo espírito de húbris reducionista, um filósofo admitiu condescendentemente que "a pesquisa em biologia clássica talvez tenha valor" [mas só "talvez"!] (Shaffner, 1967). Diante de tais afirmações, não surpreende que por algum tempo a discussão sobre reducionismo tenha sido um tanto acalorada.

Em retrospecto, é de se perguntar por que o problema da redução pôde se tornar um componente tão dominante da filosofia da biologia, como nos tratamentos que lhe foram dados por Ruse (1973) e Rosenberg (1985). Como disse Hull, com razão, "há certamente algo a mais para a filosofia da biologia do que saber se a biologia pode ou não ser reduzida a química e física" (1969b: 251).

Qual é a diferença crucial entre os conceitos de análise e redução? O adepto da análise alega que o entendimento de um sistema complexo é facilitado por sua dissecação em partes menores. Estudiosos das funções do corpo humano escolhem como primeira abordagem sua dissecação em ossos, músculos, nervos e órgãos. Eles não fazem nenhuma das duas alegações feitas pelos reducionistas: (A) que a dissecação deveria prosseguir "até as menores partes" — isto é, átomos e partículas elementares —, e (B) que tal dissecação fornecerá uma explicação completa do sistema complexo. Isso revela a natureza da diferença fundamental entre análise e redução. A análise só continua a se aprofundar até o ponto em que colhe informação nova e útil e não alega que "as menores partes" fornecem todas as respostas.

TIPOS DE REDUÇÃO

Quando se consulta a literatura sobre redução, causa espanto e mesmo desolação a heterogeneidade do uso do termo redução. No seu devido tempo, tornou-se um tanto óbvia a necessidade de uma classificação dos diferentes tipos de redução, e isso com efeito foi tentado por vários autores. O tema é tratado na lógica e em outros ramos da filosofia, assim como em vários ramos não biológicos da ciência. A mais conhecida é a tentativa de redução da termodinâmica à mecânica. Popper (1974) descreveu de modo excelente os sucessos limitados, e quase sempre os fracassos, da redução nas ciências físicas. Em meu próprio relato deixarei de lado todas as discussões sobre redução que não tratem de biologia. Para um tratamento mais técnico do reducionismo, ver Hoyningen-Huene (1989).

ANÁLISE

O primeiro passo de esclarecimento é fazer uma distinção clara entre análise e redução. O método da análise consiste em dissecar um sistema mais ou menos complexo em seus componentes, descendo até o nível molecular, se for produtivo. Isso permite o estudo separado de cada componente e é uma continuação da abordagem que historicamente levou da anatomia grosseira à microscopia e da fisiologia dos órgãos à fisiologia celular. Por mais útil que seja a análise, ela tem limitações graves em sua aplicação. Na biologia, tem sido aplicável, em sentido estrito, apenas ao estudo de causações imediatas. Como mostraram Simpson (1974) e Lewontin (1969), a abordagem físico-química é totalmente estéril em biologia evolucionista. Os aspectos históricos da organização biológica estão inteiramente fora do alcance do reducionismo físico-químico.

A análise difere da redução por não alegar que os componentes de um sistema, revelados por análise, forneçam informação completa sobre todas as propriedades de um sistema, porque a análise não oferece descrição integral das interações entre os componentes de um sistema. Apesar de ser um método altamente heurístico para o estudo de sistemas complexos, seria um erro referir-se à análise como redução.

REDUÇÃO EXPLICATIVA

Os defensores da redução estrita apresentam uma ou ambas as alegações que seguem:

> (1) Nenhum fenômeno biológico de nível superior pode ser entendido até que tenha sido analisado em seus componentes do próximo nível inferior; esse processo deve ser continuado em sentido descendente até o nível dos componentes e processos puramente físico-químicos.
> (2) Como conseqüência dessa linha de raciocínio, também se alega que o conhecimento dos componentes nos níveis mais baixos permite a reconstrução de todos os níveis superiores e fornece de maneira exaustiva um entendimento desses níveis superiores. Essas alegações dos reducionistas se baseiam em sua convicção de que o

todo não é mais que a soma aditiva de suas partes — propriedades emergentes não existem.

A experiência mostrou que essas alegações dos reducionistas só raramente são validadas. Eis uma série de razões para esse fracasso:

O que interessa no estudo de um sistema complexo é sua organização. Descer até um nível mais baixo de análise com freqüência diminui o poder explicativo da análise precedente (Kitcher, 1984: 348). Ninguém conseguiria inferir a estrutura e a função de um rim caso recebesse um catálogo completo de todas as moléculas de que está composto.

Esse argumento é válido não só para sistemas biológicos complexos, mas também para os inanimados. Se quiser entender a função e a natureza de um martelo, aplico as leis apropriadas da mecânica. Se fosse tentar analisar o martelo no próximo nível inferior e determinar, por exemplo, de que tipo de madeira é feito o cabo, e se em seguida estudasse a estrutura da madeira no microscópio, e continuasse descendo pela química até as moléculas, átomos e partículas elementares constituintes dos quais se compõe o cabo, eu não acrescentaria coisa alguma ao entendimento das propriedades do martelo *enquanto martelo*. Com efeito, o cabo poderia ser feito de plástico (como alguns martelos modernos) ou de um metal leve resistente. É a combinação de cabo (haste) e cabeça que constitui o martelo e permite a explicação de sua função. Uma análise descendente progressiva nada acrescenta.

Podem-se apresentar milhares de exemplos que demonstram de forma igualmente convincente como está errada a alegação de que a análise descendente de um sistema, até o próximo nível inferior de integração, conduz de modo automático a um entendimento melhor e mais completo. Na realidade, no curso da análise descendente, cedo ou tarde se alcança um nível em que o sentido cabal do sistema é destruído se a análise prosseguir em sentido descendente.

Os físicos mais realistas confessam que os avanços espetaculares da física de estado sólido e de partículas elementares de fato não tiveram impacto algum em nosso conceito do mundo mediano. Essa é uma confissão bem mais penosa para reducionistas, que em certo momento proclamaram tão ruidosamente que todos os mistérios remanescentes do mundo seriam resolvidos assim que pudessem ser construídos esmagadores de átomos* ainda maiores. De fato, agora está bem evidente que mesmo um conhecimento exaustivo de prótons, neutrinos, quarks, elétrons e quaisquer outras partículas elementares existentes não nos ajudaria em nada a explicar a origem da vida, a diferenciação durante a ontogenia ou as atividades mentais no sistema nervoso central. Alegações em sentido contrário, feitas com tanta freqüência por reducionistas superentusiasmados, não têm fundamento.

Nada disso desmente que a análise *ocasionalmente* produza "iluminações ascendentes". Por exemplo, a descoberta da estrutura do DNA por Watson e Crick tornou possível explicar duas propriedades cruciais do DNA — seu modo de replicação e a transferência de informação. No entanto, ambas pertencem ao mesmo nível hierárquico.

O constante fracasso do reducionismo explicativo indica que uma abordagem diferente deve ser empregada na análise biológica, baseada (A) na compreensão de que todos os sistemas biológicos são sistemas ordenados, que devem suas propriedades a essa organização, e não simplesmente às propriedades químico-físicas dos componentes; (B) na compreensão de que há um sistema de níveis de organização em que as propriedades dos sistemas superiores não são necessariamente redutíveis a (ou explicadas por)

* Aceleradores de partículas. (N. T.)

propriedades dos inferiores; (C) no reconhecimento de que sistemas biológicos armazenam informação historicamente adquirida, inacessível a uma análise fisicalista reducionista; e (D) no reconhecimento do caráter freqüente da ocorrência da emergência. Em sistemas complexos, amiúde emergem propriedades que não são explicitadas por (nem podem ser previstas a partir de) um conhecimento sobre os componentes desses sistemas.

EMERGÊNCIA

Emergência, a ocorrência de características inesperadas em sistemas complexos, tem sido há muito tempo um tema controverso na filosofia da biologia. Será que ela de fato ocorre, e, se for assim, o que a causa? É necessariamente uma indicação de fatores metafísicos ou sobrenaturais?

Como assinalou Mandelbaum (1971: 380), a noção de que todos compostos têm propriedades não evidentes em seus componentes teve larga aceitação desde meados do século XIX. O princípio já havia sido anunciado por Mill, mas foi Lewes (1875) quem não só apresentou uma análise cabal do tópico como também propôs o termo "emergência" para esse fenômeno. Tratamentos valiosos da questão são apresentados por Goudge (1965), Mandelbaum (1971), Ayala e Dobzhansky (1974) e Mayr (1982: 63, 863). Lloyd Morgan, com sua obra *Emergent evolution* [Evolução emergente] (1923), em particular, ampliou a difusão do conceito. Para Popper (1974: 269), o termo indica "um passo evolutivo aparentemente imprevisível", e o termo emergência foi assim usado de maneira particularmente freqüente em associação com a origem evolutiva da vida, da mente e da consciência humana.

A atitude com relação à emergência é a diferença mais decisiva entre reducionistas e não-reducionistas (= holistas). Para reducionistas, o todo não é mais que a soma aditiva de suas partes; não tem propriedades emergentes. Para o holista, as propriedades e os modos de ação em um nível superior de integração não são exaustivamente explicáveis pela acumulação de propriedades e modos de ação de seus componentes tomados de modo isolado. Esse pensamento está bem expresso na clássica proposição de que "o todo é mais que a soma de suas partes". Na crença de que o termo "emergência" implica algo metafísico, vários outros termos foram introduzidos para esse fenômeno, tal como *fulguração*, por Lorenz (1973), e *composicionismo*, por Simpson (1964) e Dobzhansky (1968).

Durante sua longa história, o termo "emergência" foi adotado por autores com visões filosóficas muito divergentes. Foi particularmente popular entre vitalistas, mas para eles, como fica evidente nos escritos de Bergson e outros, era um princípio metafísico. Tal interpretação foi partilhada pela maioria de seus opositores. J. B. S. Haldane (1932: 113) observou que "a doutrina da emergência [...] é radicalmente oposta ao espírito da ciência". A razão dessa oposição à emergência está em que a emergência é caracterizada por três propriedades que à primeira vista parecem ser incompatíveis com uma explicação mecanicista direta: primeiro, que uma novidade genuína é produzida — isto é, alguma característica ou algum processo antes inexistente; segundo, que as características dessa novidade são qualitativamente, e não apenas quantitativamente, diversas de tudo que já existia; terceiro, que ela era imprevisível antes de sua emergência, não apenas na prática mas em princípio, ainda que com base num conhecimento ideal e completo do estado do cosmos.

Os defensores da emergência insistiam que esse processo deveria ser considerado simplesmente uma propriedade imanente da natureza, tal como documentado em sua ocorrência universal. Assinalavam que novas propriedades podem emergir sempre que um sistema mais complexo é elaborado a partir de componentes mais simples. Isso já foi mostrado por Mill e Lewes e tornado mais amplamente conhecido por T. H. Huxley quando se referiu à "aquosidade" da água, um composto de dois gases, hidrogênio e oxigênio. Nos anos 1950, Niels Bohr, que aceitava a emergência, também usou a água como uma ilustração do princípio da emergência. A emergência de propriedades inesperadas no nível molecular, como é o caso na formação da água, demonstra de maneira particularmente persuasiva que a emergência é um princípio empírico, e não metafísico. Isso também pode ser demonstrado com outro exemplo simples: a emergência das propriedades "martelo" quando se reúnem o cabo e a cabeça do mesmo.

Uma das objeções de praxe dos reducionistas ao emergentismo é que nada de novo é produzido no caso de emergência. Mas essa alegação é só uma meia verdade. Certamente, nenhuma substância nova é produzida; um martelo é composto da mesma substância que seus componentes separados, cabo e cabeça. Mesmo assim, algo de novo foi produzido, a interação entre cabo e cabeça. Nem o cabo de madeira nem a cabeça do martelo podem por si sós executar (com alguma eficiência) as funções de um martelo. Quando os dois são reunidos, as propriedades de um martelo "emergem". E essa interação recém-acrescida *é* a propriedade crucial de todo sistema emergido, do nível molecular para cima. A emergência se origina por meio das novas relações (interações) dos componentes previamente desconectados. Com efeito, não levar em consideração a importância de tais conexões é uma das falhas básicas do reducionismo. A conexão entre a cabeça do martelo e seu cabo não existe até que os dois sejam reunidos. O mesmo é verdadeiro para todas as interações em um sistema biológico complexo. Tratar com os componentes separados nada nos diz sobre suas interações. E, como essas interações no mundo vivo são únicas para cada indivíduo existente (exceto os clones assexuados), seu caráter único refuta as alegações dos reducionistas.

Para cientistas praticantes, a emergência de algo qualitativamente novo é um fato da vida encontrado no dia-a-dia. Eles não têm dificuldade com esse fenômeno porque sabem que as propriedades de sistemas superiores não se devem exclusivamente às propriedades dos componentes, mas também à ordenação desses sistemas. Alguns autores alegaram que a emergência é incompatível com a teoria de Darwin de evolução gradual, por estar o novo fenótipo separado [do que vem antes] por uma fase distinta. Essa objeção, porém, se deve a uma confusão entre gradualismo fenotípico e gradualismo populacional. O que conta é que a mudança evolutiva tem lugar em populações, e uma certa quantidade de descontinuidade nos fenótipos envolvidos é uma consideração irrelevante.

Já está bem claro que a emergência evolutiva é um fenômeno empírico sem nenhuma fundamentação metafísica. A aceitação desse princípio é importante porque ajuda a explicar fenômenos que anteriormente pareciam incompatíveis com uma explicação mecanicista do processo evolutivo. Ele elimina toda necessidade de invocar princípios metafísicos para a origem de novidades no processo evolutivo.

REDUÇÃO DE TEORIAS

O reducionismo explicativo não foi o único tipo de redução promovida por filósofos. Muitos deles defenderam uma forma de redução chamada *redução de teorias*. Essa forma se baseia na alegação de que teorias e leis em um campo da ciência não são mais que casos especiais de teorias e leis formuladas em algum outro ramo da ciência, mais básico, em particular da ciência física. De acordo com essa crença, todas as regularidades ("leis") observadas no mundo vivo não são mais que casos especiais de leis e teorias das ciências físicas. Assim, para atingir a unificação da ciência, é tarefa do filósofo da ciência "reduzir" as teorias da biologia àquelas mais básicas das ciências físicas.

Os cientistas, em geral, mostraram pouco interesse na redução de teorias. Essa foi uma preocupação com predominância entre filósofos da ciência; com efeito, foi o aspecto da redução que teve o maior interesse para eles (Hull, 1972). O tratamento clássico [da questão] é o de Nagel (1961). A redução de teorias foi ativamente promovida também por Schaffner (1967, 1969) e Ruse (1971, 1973, 1976) e com um pouco mais de cautela por Rosenberg (1985). Refutações decisivas foram oferecidas por Hull (1974), Kitcher (1984) e Kincaid (1990).

O procedimento de redução de teorias é usualmente exposto da seguinte maneira: "uma teoria T2 (relativa a um nível superior de organização) é reduzida à teoria T1 (relativa a um nível inferior) se T2 não contiver seus próprios termos primitivos, isto é, se o aparato conceitual de T1 for suficiente para exprimir T2". Para afirmar as condições da redução forte mais concisamente (Ayala, 1968), para reduzir um campo mais especial da ciência a outro mais básico, deve-se mostrar [de acordo com Nagel (1961)]:

> (1) Que todas as leis e teorias da ciência mais especializada são as conseqüências lógicas de construções teóricas da ciência mais básica; esta é a condição da *derivabilidade*.
> (2) Para realizar tal redução, todos os termos técnicos usados na ciência mais especializada devem ser passíveis de redefinição nos termos da ciência mais básica; essa é a condição da *conectabilidade*.

O postulado da conectabilidade enfrenta dificuldades particulares na redução das teorias biológicas porque o quadro conceitual da biologia é tão completamente diferente daquele das ciências físicas que talvez jamais haja possibilidade de traduzir um termo biológico por outro da física ou da química. Ao consultar glossários de livros em vários ramos da biologia, encontram-se centenas, se não milhares, desses termos biológicos intraduzíveis. São exemplos: território, especiação, escolha da fêmea, princípio do fundador, estampagem, investimento parental, meiose, competição, corte [*courtship*] e luta pela sobrevivência, para citar apenas alguns. Esse caráter intraduzível de conceitos biológicos já era conhecido por Woodger (1929: 263). Mais tarde, foi Beckner (1959), em especial, quem chamou a atenção para ele e relacionou muitos exemplos.

Filósofos reducionistas em geral buscaram dar suporte a sua defesa da redução tentando reduzir a genética mendeliana à genética molecular. Tanto Hull (1974) quanto Kitcher (1984), em particular, mostraram como tem sido malsucedida essa empreitada. Não é apenas o caráter intraduzível dos termos e conceitos biológicos que torna a redução de teorias impossível, mas também o fato de que muito poucas generalizações biológicas podem ser associadas com qualquer das leis da física ou da química. Uma dificuldade específica é acarretada pela escassez de leis relacionadas a sistemas biológicos complexos. Diante de toda essa evidência, Popper (1974: 269, 279, 281) concluiu: "como filosofia, o reducionismo é um fracasso [...] vivemos num universo de novidades emergentes; de novidades que, em regra, não são completamente redutíveis a quaisquer estágios precedentes".

Apenas na biologia das causações imediatas a redução de teorias é ocasionalmente factível. Por outro lado, nenhum princípio da teoria evolucionista histórica jamais poderá ser reduzido às leis da física ou da química. Contrariamente às alegações de alguns reducionistas, isso nada tem a ver com alguma suposta imaturidade da biologia. Com efeito, os novos lampejos obtidos pela genética molecular nos últimos quarenta anos tornaram a impossibilidade da redução ainda mais clara do que era antes (Kitcher, 1984).

CONSEQÜÊNCIAS DO FRACASSO DO REDUCIONISMO

Não faz muitos anos que Ruse se perguntava "por que muitos dos maiores biólogos de hoje são inflexivelmente contrários a qualquer tipo de tese reducionista biológica" (1973: 217). A resposta agora é óbvia. É porque esses biólogos entenderam a natureza dos problemas biológicos muito melhor do que os fisicalistas que naquela época dominavam a filosofia da ciência. A popularidade do reducionismo declinou acentuadamente na filosofia da ciência depois de sua natureza ser mais bem entendida e, em especial, depois de entendido como ele diferia da análise.

REDUÇÃO E FILOSOFIA

Meu modo de tratar a redução é a de um cientista. Filósofos da ciência lidariam com o tema de maneira muito diferente, baseando seus argumentos em leis, na lógica e no aparato da filosofia da ciência. Um exemplo típico de tal abordagem é o texto "Reductionism in a historical science" [Reducionismo em uma ciência histórica], de Rosenberg (2001). A maioria dos cientistas não consegue ver no que tal tratamento "filosófico" contribuiria para o entendimento de um fenômeno ou de um processo. A redução, ao deixar de considerar a interação dos componentes, não consegue cumprir sua promessa. Pode ser ignorada na construção de qualquer filosofia da biologia.

5. A influência de Darwin sobre o pensamento moderno*

Cada período na história da civilização humana foi dominado por um conjunto definido de idéias ou ideologias. Isso é verdadeiro tanto para os gregos quanto para o cristianismo, o Renascimento, a Revolução Científica, o Iluminismo e os tempos modernos. Uma questão desafiadora é perguntar-se qual a fonte das idéias dominantes na era presente. Essa questão pode também ser formulada em diferentes termos. Por exemplo: qual livro teve o maior impacto no pensamento corrente? Inevitavelmente, a Bíblia teria de ser mencionada em primeiro lugar. Antes de 1989, quando a derrocada do marxismo foi declarada, *O capital* (*Das Kapital*) claramente ficaria em segundo lugar, sendo ainda uma influência dominante em várias partes do mundo. Sigmund Freud tem contado e deixado de contar com as boas graças do público. Abraham Pais, biógrafo de Albert Einstein, afirmou de maneira exuberante que as teorias de Einstein "mudaram profundamente a maneira de homens e mulheres modernos pensarem sobre fenômenos da

* Versão revisada de Mayr (2001).

natureza inanimada". Nem bem Pais havia dito isso, porém, e logo reconheceria o exagero. "Seria na realidade melhor falar em 'cientistas modernos' do que em 'homens e mulheres modernos'", escreveu, porque é preciso formação no estilo fisicalista de pensamento e em técnicas matemáticas para dar valor às contribuições de Einstein. De fato, duvido que alguma das grandes descobertas na física dos anos 1920 tenha tido influência no pensamento de pessoas comuns. A situação é diferente, porém, com *Origem das espécies*, de Darwin (1859). Nenhum outro livro, exceto a Bíblia, teve um impacto maior em nosso moderno pensamento. Espero ser capaz de mostrar que tal avaliação é justificada, não só porque Darwin, mais do que qualquer outro, foi responsável pela aceitação de uma explicação secular do mundo, mas também porque revolucionou nosso pensamento sobre a natureza deste mundo de muitas outras maneiras surpreendentes.

A PRIMEIRA REVOLUÇÃO DARWINIANA

A compreensão do mundo, antes de Darwin, era dominada pela física. Embora a natureza viva, desde Buffon, fosse cada vez mais importante na reflexão dos filósofos, ela não pôde ser propriamente organizada até que a biologia se tornasse um ramo reconhecido da ciência. E isso não aconteceu senão em meados do século XIX, quando se impôs a aceitação de idéias inteiramente novas, idéias vindas da biologia, e nem a ciência estabelecida nem a filosofia estavam bem preparadas para aceitá-las. Sua assimilação demandou uma revolução ideológica, e foi de fato uma revolução muito drástica, como depois se viu. Essa revolução demandava mais e mais drásticas modificações na visão de mundo das pessoas comuns do que havia ocorrido em séculos anteriores. O motivo para esse fato ser em geral desconsiderado é tomarem

Darwin apenas como um evolucionista. Ele o foi, sem dúvida; e foi também Darwin quem claramente estabeleceu a ciência secular. Nos anos 1860, a designação "darwinismo" era usada para quem rejeitasse uma origem sobrenatural do mundo e de suas mudanças. Não se requeria a aceitação da seleção natural (Mayr, 1991). A introdução da ciência secular foi a primeira revolução darwiniana.

A CONTRIBUIÇÃO DE DARWIN PARA UM NOVO ZEITGEIST [ESPÍRITO DO TEMPO]

Ao substituir a ciência divina pela secular, Darwin revolucionou profundamente o pensamento do século XIX. Mas o impacto de Darwin não se limitou à evolução e às conseqüências do pensamento evolucionista, incluindo a evolução em ramificação (descendência comum) e a posição do homem no universo (descendência dos primatas); ele também incluiu toda uma série de novas ideologias. Em parte, eram refutações de conceitos consagrados pelo tempo, como teleologia; em parte, a introdução de conceitos inteiramente novos, como biopopulação. Em conjunto, tiveram um impacto de fato revolucionário no pensamento do homem moderno.

A evolução é um conceito tão óbvio para todo estudioso da natureza que sua rejeição quase universal até meados do século XIX tem algo de enigmático. Como disse o geneticista Dobzhansky com tanta propriedade, "nada em biologia faz sentido se não for à luz da evolução", o que certamente está correto para toda a biologia não funcional. Decerto houve proponentes da evolução antes de Darwin, a começar por Buffon, e mesmo uma bem pensada teoria da evolução por Jean-Baptiste Lamarck, mas mesmo em 1859 todas as pessoas leigas, e até naturalistas e filósofos, ainda aceitavam um mundo estável e constante. Com a evolução diante dos olhos de todo mundo, por que ela ainda assim permanecia tão inaceitável, mesmo em 1859? O que estaria impedindo a aceitação de algo aparentemente óbvio?

Depois de ter refletido bem, minha conclusão é que certos conceitos e ideologias fundamentais, os componentes do *Zeitgeist* no começo do século XIX, foram o que impediu uma aceitação mais precoce do evolucionismo. Vejamos agora alguns desses fatores.

CIÊNCIA SECULAR

Uma aceitação literal de cada palavra na Bíblia era a visão padronizada de todo cristão ortodoxo no começo do século XIX. Tudo neste mundo, tal como o vemos, havia sido criado por Deus. A teologia natural acrescentava a convicção de que no momento da criação Deus também havia instituído um conjunto de leis que continuariam mantendo a perfeita adaptação de um mundo bem projetado. Darwin desafiou os três componentes principais dessa crença. Afirmou, primeiro, que o mundo estava evoluindo, e não permanecendo constante; segundo, que novas espécies não eram especialmente criadas, mas derivadas de ancestrais comuns; e, terceiro, que a adaptação de cada espécie é regida de modo contínuo pelo processo de seleção natural. Nas teorias de Darwin, não há necessidade de interferência divina ou de ação de forças sobrenaturais em todo o processo de evolução do mundo vivo, nem em particular no processo de seleção natural. A proposta revolucionária de Darwin foi, assim, substituir o mundo controlado divinamente por um mundo secular, operado de acordo com leis naturais.

Surpreendentemente, a proposta de Darwin de um mundo que evoluía devido à descendência comum foi aceita quase de imediato, depois de 1859, pela grande maioria dos naturalistas e filósofos. Isso foi verdadeiro não só na Inglaterra, mas também amplamente no continente europeu, em particular nos países de língua alemã e na Rússia. Como que do dia para a noite, a idéia de evolução se tornara aceitável, apesar de a controvérsia sobre as causas da evolução prosseguirem por outros oitenta anos. O próprio Darwin foi o grande responsável pela rapidez dessa reviravolta, devido à quantidade esmagadora de evidências da evolução apresentada em *Origem das espécies.* Com efeito, Darwin fez ainda mais, e isso não costuma ser mencionado nas suas biografias: apresentou cinqüenta ou sessenta fenômenos biológicos facilmente explicáveis por seleção natural, mas um tanto refratários a qualquer explicação envolvendo criação especial e igualmente inexplicáveis para o chamado projeto [*design*] inteligente [ver Darwin (1859: 35, 95, 133, 139, 186, 188, 194, 203, 399, 406, 413, 420, 435, 456, 469, 478, 486 e muitas outras páginas próximas)].

DESCENDÊNCIA COMUM E A POSIÇÃO HUMANA

A teoria da descendência comum de Darwin foi tão rapidamente aceita porque fornecia uma explicação para a hierarquia de tipos de organismos de Lineu e para os achados da anatomia comparada. No entanto, a teoria da descendência comum também levava a uma conclusão de todo intragável para a maioria dos vitorianos contemporâneos de Darwin. Ela postulava que os ancestrais dos seres humanos eram macacos. Se os seres humanos tivessem descendido dos macacos, então eles não se encontravam fora do restante do mundo vivo, mas faziam parte dele. Isso foi o fim de toda filosofia estritamente antropomórfica. Mesmo que Darwin não tenha questionado as características únicas do *Homo sapiens,* o que tampouco fazem evolucionistas modernos, em termos zoológicos, os seres humanos nada mais são que macacos especialmente evoluídos. Com efeito, todas as pesquisas modernas revelaram a incrível similaridade entre homens e chimpanzés. Compartilhamos 98% de nossos genes, e muitas de nossas proteínas — por exemplo, a hemoglobina — são idênticas. Tornou-se óbvio em anos recentes que, num estudo filosófico relativo a seres humanos, como a natureza da consciência, da inteligência e do altruísmo, não se pode mais ignorar a origem dessas capacidades humanas em nossos ancestrais antropóides. Isso é verdadeiro, ainda que, por evolução, a humanidade tenha adquirido muitas características e capacidades únicas.

PENSAMENTO POPULACIONAL

Partamos agora diretamente para uma análise dos fundamentos filosóficos das teorizações de Darwin. Com a evolução sendo tão óbvia para todo estudioso da natureza viva, por que demorou tanto para que esse fato óbvio se tornasse aceitável? Estudemos a questão com um caso específico. O mais original e mais importante conceito novo de Darwin foi o de seleção natural. Por que não só os filósofos, mas até a maioria dos biólogos, foram tão hostis a essa teoria por tanto tempo? Minha hipótese é que o quadro conceitual do período e, em particular, a quase universal aceitação do pensamento tipológico — aquilo que Popper chamou de essencialismo — foram responsáveis por esse atraso. Esse tipo de pensamento foi pioneiramente introduzido na filosofia por Platão e pelos pitagóricos, que postulavam que o mundo consistia em um número limitado de classes de entidades (*eide* [essências]) e que só o tipo (essência) de cada uma dessas classes de objetos tinha realidade, sendo imateriais e irrelevantes todas as variações aparentes desses tipos. Os tipos platônicos (ou *eide*) eram considerados constantes, atemporais e claramente delimitados em relação aos outros tipos similares. Esse pensamento tipológico era adotado universalmente pelos cientistas físicos, porque todas as entidades fundamentais da matéria, tais como partículas nucleares e elementos químicos, são de fato constantes e claramente delimitadas umas em relação às outras.

Darwin rejeitou essa descrição para a diversidade orgânica. Em vez disso, introduziu um modo de pensamento a que hoje nos referimos como *pensamento populacional*. Não há dois indivíduos numa biopopulação, nem mesmo gêmeos idênticos, que sejam de fato idênticos. Isso vale mesmo para os 6 bilhões de indivíduos da espécie humana. É essa variação entre os indivíduos peculiarmente diferentes que tem *realidade*, ao passo que o valor estatístico mediano calculado dessa variação é uma abstração. Essa visão representou um conceito filosófico totalmente novo, crucial para o entendimento da teoria da seleção natural. A novidade representada por esse conceito se tornou clara quando o próprio Darwin por vezes resvalou para o pensamento tipológico. Foi esse o motivo de não ter conseguido resolver o problema da origem de novas espécies.

O pensamento populacional é de extraordinária importância para a vida cotidiana. O fato de não se aplicar o pensamento populacional é, por exemplo, a principal fonte de racismo. Muitos dos companheiros de Darwin, como Charles Lyell e T. H. Huxley (Mayr, 1982), nunca adotaram o pensamento populacional e permaneceram tipologistas por toda a vida. Por isso, foram incapazes de entender e aceitar a seleção natural. O pensamento tipológico estava tão firmemente enraizado no modo de pensar do período que não surpreende que tenham se passado oitenta anos até que, nos anos 1930, o conceito de seleção natural fosse por fim adotado de maneira universal por evolucionistas.

O PROGRAMA GENÉTICO

Foi Darwin quem apresentou o conceito de biopopulação, uma das diferenças fundamentais entre os mundos vivo e inanimado. Outro conceito, igualmente exclusivo do mundo vivo, o *programa genético*, não pôde ser concebido até que a citologia, a genética e a biologia molecular tivessem amadurecido. Ele é responsável pela causalidade dual de todas as atividades de e em organismos vivos.

A causalidade dual de todos os organismos talvez seja a mais profunda diferença entre o mundo inanimado do físico e o mundo vivo do biólogo. Toda e qualquer coisa que aconteça no mundo físico é controlada exclusivamente pelas leis naturais, gravitação, leis da termologia e várias outras leis naturais descobertas pelas ciências físicas. Tais leis descrevem as propriedades de toda a matéria, e mesmo organismos vivos e suas partes estão, como matéria, tão sujeitos a essas leis quanto a matéria inanimada. As leis das ciências físicas são particularmente evidentes no estudo da vida nos planos celular e molecular. A formulação de teorias em fisiologia é baseada quase exclusivamente em leis naturais. No entanto, organismos estão também sujeitos a um segundo conjunto de fatores causais: a informação fornecida por seu programa genético. Não existe atividade, movimento ou comportamento de um organismo que não seja influenciado pelo programa genético. Esse programa, que consiste no genótipo de cada indivíduo vivo, é o produto de bilhões de anos de seleção natural a cada geração. As leis estruturais e as mensagens do programa genético funcionam simultaneamente e em harmonia, mas programas genéticos só ocorrem em organismos vivos. Eles fornecem uma linha divisória absoluta entre os mundos inanimado e vivo.

Naturalistas, obviamente, estiveram atentos a essa diferença fundamental por milhares de anos, mas sua explicação para ela era inválida. Eles tentaram atribuir a vida à força oculta do vitalismo, a *vis vitalis*, mas afinal foi determinado que tal força não existe. Darwin não era um vitalista, mas não conseguiu explicar a vida. Isso acabou se tornando possível no século XX, pelas descobertas em citologia, genética e biologia molecular. As ciências finalmente nos ofereciam uma explicação naturalista da vida.

FINALISMO

Volto-me agora para outro conceito dominante em filosofia na primeira metade do século XIX. Quando o filósofo Immanuel Kant, em sua *Crítica do juízo* (1790), tentou desenvolver uma filosofia da biologia com base na filosofia fisicalista de Newton, fracassou de modo constrangedor. Ao final, ele concluiu que a biologia é diferente das ciências físicas e que devemos buscar algum fator filosófico não utilizado por Newton. Com efeito, pensou ter encontrado tal fator na quarta causa de Aristóteles, a causa final (teleologia). E assim Kant atribuiu à teleologia não apenas a mudança evolutiva (que não foi de fato reconhecida por ele como tal), mas também tudo o mais em biologia que não era capaz de explicar por leis newtonianas. Isso teve um efeito bem adverso na filosofia alemã do século XIX, porque uma confiança sem fundamento na teleologia exerceu um importante papel nas filosofias de todos os seguidores de Kant.

A grande realização de Darwin foi conseguir explicar com a seleção natural todos os fenômenos para os quais Kant considerou necessário invocar a teleologia. O grande filósofo americano Willard Van Ormond Quine, numa conversa que tive com ele cerca de um ano antes de sua morte, contou-me que considerava que a maior realização filosófica de Darwin consistira em ter refutado a causa final de Aristóteles. O processo puramente automático da seleção natural, ao produzir variação abundante em cada geração e sempre removendo os indivíduos inferiores e favorecendo os mais bem-adaptados, pode explicar todos os processos e fenômenos que, antes de 1859, só podiam ser explicados por teleologia. No presente ainda reconhecemos quatro fenômenos ou processos teleológicos na natureza (ver capítulo 3), mas todos podem ser explicados pelas leis da química e da física, enquanto a teleologia cósmica tal como a adotada por Kant não existe.

O PAPEL DO ACASO

O determinismo era a filosofia em vigor antes de Darwin. Como Laplace alardeou, se ele conhecesse a localização exata e o movimento de cada objeto no universo, seria então capaz de predizer cada detalhe da futura história do mundo. Não havia espaço em sua filosofia para acaso ou acidente. Darwin também prestou o devido tributo a tal determinismo. Aceitou a crença corrente de seu tempo de que todo processo ao acaso no universo tinha uma causa. Mas as leis newtonianas da física não eram suficientes para explicar a variação genética, e Darwin fez uso do princípio então universalmente aceito de uma herança de características adquiridas. Os animais domésticos, disse, são mais variáveis que os selvagens porque têm uma dieta mais rica e as mudanças produzidas com ela são herdadas. Para ele, todas as mutações eram resultado de uma causa observável. Não foi senão na década de 1890 que o conceito de mutações espontâneas foi introduzido na biologia por De Vries.

A variação darwiniana, que não se baseava nas leis naturais newtonianas, não era aceitável para os filósofos daquela época. Tais variantes eram consideradas fenômenos casuais ou acidentes. O físico-filósofo Herschel se referiu à seleção natural, com desprezo, como lei da mixórdia [*law of the higgledy-piggled*]. Ele não estava sozinho nessa crítica: o geólogo Sedgwick, de Cambridge, e outros críticos de Darwin o repreenderam por invocar o acaso como fator evolutivo. A todo momento Darwin era questionado: como pode acreditar que um órgão tão perfeito como o olho possa originar-se por acaso? Ainda carecemos de uma análise exaustiva da história da aceitação gradual do acaso na explicação científica. Agora que já se percebeu que o acaso na evolução é parte da natureza em duas etapas do processo de seleção natural (capítulo 7), os processos de seleção e eliminação durante a segunda etapa da seleção natural podem se valer da contribuição positiva feita pela variação aleatória na primeira etapa.

Mais ou menos na mesma época, meados do século XIX, a importância do acaso foi também descoberta nas ciências físicas, e o patrocínio do acaso por Darwin logo não seria mais criticado tão severamente. Quando autores modernos falam de variação ao acaso, não contestam a existência de forças moleculares causais, mas sim a alegação de que tal variação genética seja uma resposta adaptativa às necessidades de um organismo. Uma resposta como essa nunca ocorre, e a biologia molecular mostrou que não há herança de características adquiridas. Apesar de suas inseguranças, Darwin foi certamente um dos grandes pioneiros na transformação da natureza casual de muitos fenômenos biológicos em um conceito aceitável.

LEIS

Na filosofia newtoniana da ciência, teorias eram em geral baseadas em leis. No geral, Darwin aceitava essa visão. E assim constatamos que ele usa o termo "lei" de maneira muito livre em *Origem das espécies*. Qualquer causa ou evento que parecesse ocorrer de modo minimamente regular foi chamado por ele de lei. No entanto, bem que concordo com aqueles filósofos modernos que negam a legitimidade de se referir a regularidades evolutivas como leis, porque tais regularidades não se relacionam com aspectos básicos da matéria como ocorre nas leis em física. Elas são invariavelmente restritas no tempo e no espaço e têm com freqüência numerosas exceções. É por isso que o princípio da falseabilidade de Popper em geral não pode ser aplicado em biologia evolucionista, porque as exceções não falseiam a validade geral da maioria das regularidades.

Caso se conclua que não há leis naturais em biologia evolucionista, deve-se perguntar: no que seria possível então basear as teorias biológicas? A visão hoje amplamente adotada é que teorias em biologia evolucionista se baseiam em *conceitos*, mais do que em leis, e esse ramo de ciência por certo é rico em conceitos para basear teorias. Basta mencionar conceitos como seleção natural, luta pela sobrevivência, competição, biopopulação, adaptação, sucesso reprodutivo, escolha da fêmea e dominância do macho. Admito que alguns desses conceitos, com um pouco de esforço, talvez possam ser convertidos em pseudoleis, mas não há dúvida de que tais "leis" são algo muito diverso das leis naturais newtonianas. Como resultado, a filosofia da física baseada em leis naturais termina sendo algo muito diverso da filosofia da biologia baseada em conceitos.

O próprio Darwin estava um tanto desatento para essa diferença, embora tenha sido ele quem, talvez mais do que qualquer outro, introduziu a nova prática de formulação de teorias com base em conceitos, e não em leis naturais.

O MÉTODO DE DARWIN

Darwin era, antes de mais nada e acima de tudo, um naturalista. Seu método favorito era também o de um naturalista: ele fazia uma série de observações e desenvolvia conjecturas a partir dessas evidências. Considerava essa abordagem um método indutivo e registrou em sua autobiografia que se achava um seguidor fiel de Bacon. No entanto, alguns estudiosos da obra de Darwin — por exemplo, Ghiselin (1969) — pensam que tal abordagem é mais bem descrita como hipotético-dedutiva. Na realidade, o mais próximo da verdade seria dizer que Darwin era um pragmático e usava qualquer método que pensasse poder trazer-lhe os melhores resultados. Darwin foi um observador atilado, e não há dúvida de que a observação foi sua abordagem mais produtiva. De todo modo, foi também um experimentador habilidoso e, particularmente em suas pesquisas botânicas, conduziu numerosos experimentos. Como todo naturalista, o método que talvez tenha usado com maior freqüência foi o comparativo.

TEMPO

O método mais amplamente utilizado em ciências físicas é a experimentação. No entanto, em seus estudos evolucionistas Darwin tinha de levar em conta um fator que é irrelevante na maioria das ciências físicas, exceto em geologia e cosmologia: o fator tempo. Não se pode experimentar com acontecimentos biológicos do passado. Fenômenos como a extinção dos dinossauros e todos os outros eventos evolutivos estão inacessíveis para o método experimental e requerem uma metodologia inteiramente diferente, a das chamadas narrativas históricas. Nesse método, desenvolve-se um cenário imaginário de acontecimentos passados com base em suas conseqüências. Faz-se então todo tipo de previsões a partir desse cenário e se determina se elas se mostram verdadeiras. Darwin empregou esse método de maneira particularmente bem-sucedida em suas reconstruções biogeográficas. Entre as pontes de terra que se supõe terem existido no passado, quais encontram respaldo na distribuição atual, e quais não?

A importância do método de narrativas históricas foi durante muito tempo desconsiderada por filósofos. Trata-se, no entanto, de um método indispensável sempre que se lida com as conseqüências de eventos passados. Considerando a produtividade desse método, é surpreendente o quanto ele foi negligenciado pelos historiadores da ciência. Quanto uso de narrativas históricas não foi feito, por exemplo, por Buffon, Lineu, Lamarck e Blumenbach?

Em meus escritos, me referi aos fundamentos filosóficos do pensamento de Darwin e o designei como um dos maiores filósofos. Esse não é um ponto de vista amplamente adotado. Mesmo sendo um dos grandes filósofos de seu tempo, sua filosofia da biologia difere de modo tão fundamental das filosofias baseadas em lógica, matemática e ciências físicas que sua natureza filosófica foi tradicionalmente desconsiderada.

RESUMO

Vamos agora tentar resumir as contribuições de Darwin para o pensamento humano moderno. Ele foi responsável pela substituição de uma visão de mundo baseada no dogma cristão por uma visão de mundo estritamente secular. Além disso, seus escritos levaram à rejeição de várias visões de mundo anteriormente dominantes, tais como essencialismo, finalismo, determinismo e a suficiência de leis newtonianas para a explicação da evolução. Substituiu esses conceitos refutados por vários outros novos, cuja importância se estendia amplamente, também, para além da biologia, como biopopulação, seleção natural, a importância do acaso e da contingência, a importância explicativa do fator tempo (narrativas históricas) e a importância do grupo social para o surgimento da ética. Quase todo componente do sistema de crenças do ser humano moderno é afetado, de alguma maneira, por uma ou outra das inovações conceituais de Darwin. Sua obra como um todo é o fundamento de uma nova filosofia da biologia, que se desenvolve rapidamente. Não pode haver dúvida de que a maneira de pensar de toda pessoa ocidental moderna foi profundamente afetada pelo pensamento filosófico de Darwin.

6. As cinco teorias da evolução de Darwin*

Darwin foi um teorizador inveterado e se tornou o autor de várias teorias da evolução, algumas grandes, outras menores. Costumava referir-se a suas teorias evolucionistas no singular, como "minha teoria", e tratava a inconstância das espécies, a descendência comum e a seleção natural como uma teoria única, individual. Ainda recordo como fiquei chocado quando, evolucionista jovem, descobri que Darwin havia rejeitado a teoria perfeitamente válida de Moritz Wagner sobre especiação geográfica (e a importância do isolamento) porque Wagner não tinha adotado a seleção natural. Como poderia Charles Darwin, meu herói, fazer algo que eu considerava totalmente ilógico? O fato de não reconhecer a independência das várias teorias de seu paradigma evolucionista também causou a Darwin dificuldades em sua discussão do princípio de divergência (Mayr, 1992). Recentemente cheguei à conclusão de que a cegueira de Darwin diante disso se tornou uma das razões principais para as controvérsias intermináveis sobre biologia

* Versão bastante revisada de Mayr (1985).

evolucionista depois de 1859. No entanto, agora já se tornou bastante claro que o paradigma de Darwin consiste em várias teorias principais independentes (Mayr, 1985). De modo nada surpreendente, diversos evolucionistas discordaram uns dos outros sobre a validade dessas teorias e fundaram escolas adversárias. Elas se digladiaram por quase oitenta anos, até que uma síntese foi alcançada nos anos 1930 e 1940.

A análise das múltiplas teorias de Darwin conduziu-me à conclusão de que o paradigma de Darwin consiste em cinco teorias principais independentes. O fato de que essas teorias são mesmo "logicamente independentes" foi confirmado por vários autores recentes. A aceitação de algumas e ao mesmo tempo a rejeição de diferentes teorias, nesse pacote de cinco, por autores específicos é talvez a melhor evidência de sua independência (tabela 6.1).

TABELA 6.1. ACEITAÇÃO DE TEORIAS DARWINIANAS POR EVOLUCIONISTAS

	Descendência comum	Caráter gradual	Especiação populacional	Seleção natural
Lamarck	Não	Sim	Não	Não
Darwin	Sim	Sim	Sim	Sim
Haeckel	Sim	Sim	?	Em parte
Neolamarckistas	Sim	Sim	Sim	Não
T. H. Huxley	Sim	Não	Não	(Não)
De Vries	Sim	Não	Não	Não
T. H. Morgan	Sim	(Não)	Não	Sem importância

Apresento aqui somente uma versão abreviada (mas algo revisada) de uma análise muito detalhada das cinco teorias de Darwin (Mayr, 1985) e remeto a esse tratamento monográfico para obtenção de informação adicional sobre essas cinco teorias.

Há uma razão particularmente convincente pela qual o darwinismo não pode ser uma teoria homogênea: a evolução orgânica consiste em dois processos essencialmente independentes: transformação no tempo e diversificação no espaço (ecológico e geográfico). Os dois processos requerem um mínimo de duas teorias inteiramente independentes e muito diferentes. Se quem escreveu sobre Darwin mesmo assim falou da "teoria de Darwin" quase invariavelmente no singular, foi em grande medida por culpa do próprio Darwin. Ele não só se referiu à própria teoria da evolução como "minha teoria", mas também chamou a teoria da descendência comum por seleção natural de "minha teoria", como se descendência comum e seleção natural fossem uma única teoria.

A discriminação entre suas várias teorias não foi favorecida pelo fato de Darwin ter tratado a especiação sob seleção natural no capítulo 4 de *Origem das espécies* e de ter atribuído à seleção natural muitos fenômenos, particularmente aqueles de distribuição geográfica, quando eles na realidade são conseqüência da descendência comum. Em tais circunstâncias, considero de extrema urgência dissecar o quadro conceitual da evolução de Darwin nas teorias principais que formaram a base de seu pensamento evolucionista. Em nome da conveniência, desmembrei o paradigma evolucionista de Darwin em cinco teorias; obviamente, outros poderiam preferir uma divisão diferente. Quando autores posteriores se referiram à teoria de Darwin, via de regra tinham em mente uma combinação das cinco teorias a seguir. Para o próprio Darwin, essas cinco teorias eram: evolução propriamente dita, descendência comum, gradualismo, multiplicação de espécies e seleção natural. Alguém poderia argumentar que, de fato, essas cinco teorias compõem um pacote logicamente inseparável e que Darwin estava mais do que correto ao tratá-las como tal. Essa alegação, no entanto, é refutada pelo fato de que, como demonstrei em outro trabalho (Mayr, 1982b: 505-10), a maioria dos evolucionistas no período imediatamente após 1859 — ou seja, autores que tinham aceitado a teoria da inconstância das espécies — rejeitou uma ou várias das outras quatro teorias de Darwin. Isso demonstra que as cinco teorias não são um todo indivisível.

EVOLUÇÃO PROPRIAMENTE DITA

Esta é a teoria segundo a qual o mundo não é constante nem está em um ciclo perpétuo, mas sim mudando sempre e em parte direcionalmente e que os organismos estão sendo transformados no tempo. É difícil, hoje em dia, visualizar como ainda era disseminada na primeira metade do século XIX, sobretudo na Inglaterra, a crença de que o mundo é essencialmente constante e de duração curta. Mesmo aqueles que, como Charles Lyell, estavam inteiramente cientes da grande antigüidade da Terra e da marcha firme da extinção se recusavam a acreditar na transformação das espécies. A crença na evolução também era designada como a teoria da inconstância das espécies.

A evolução propriamente dita não é mais uma teoria, para o autor moderno. É um fato, tanto quanto a Terra circular em torno do Sol, e não o inverso. As mudanças documentadas no registro fóssil, em estratos geológicos precisamente datados, são o fato que designamos como evolução. Essa é a base factual sobre a qual repousam as outras quatro teorias evolucionistas. Por exemplo, todos os fenômenos explicados por descendência comum não fariam sentido se a evolução não fosse um fato.

DESCENDÊNCIA COMUM

O caso das três espécies de tordos de Galápagos ofereceu a Darwin um novo e importante lampejo. As três espécies tinham claramente descendido de uma única espécie ancestral do continente da América do Sul. A partir dessa conclusão, foi só um passo pequeno postular que todos os tordos derivavam de um ancestral comum —

de fato, que cada grupo de organismos descendia de uma espécie ancestral. Essa é a teoria de descendência comum de Darwin.

É preciso enfatizar que ambos os termos, *descendência comum* e *ramificação*, descrevem exatamente o mesmo fenômeno para um evolucionista. Descendência comum reflete uma visão retrospectiva, e ramificação, uma visão prospectiva. O conceito de descendência comum não surgiu de modo inteiramente original com Darwin. Buffon já o havia considerado para parentes próximos, como cavalos e asnos, mas, ao não aceitar a evolução, não ampliou esse pensamento sistematicamente. Há sugestões ocasionais de descendência comum em vários outros autores pré-Darwin, mas os historiadores até agora não fizeram uma busca cuidadosa por adeptos precoces da ancestralidade comum. A teoria por certo não foi sustentada por Lamarck, que, embora tenha proposto uma separação ocasional de "massas" (táxons superiores), nunca pensou em termos de separação de espécies e de ramificação regular. Ele derivava a diversidade da geração espontânea e da transformação vertical de cada linhagem, separadamente, em estágios de maior perfeição. Para ele, descendência era descendência linear no interior de cada linhagem filética, e o conceito de descendência comum lhe era estranho.

Nenhuma das teorias de Darwin foi aceita com tanto entusiasmo quanto a descendência comum; provavelmente é correto dizer que nenhuma outra teoria de Darwin tinha poderes explicativos imediatos tão extraordinários. Tudo que havia parecido arbitrário e caótico na história natural até aquele momento agora começava a fazer sentido. Os arquétipos de Owen e dos anatomistas comparativos podiam doravante ser explicados como a herança de um ancestral comum. Toda a hierarquia de Lineu subitamente se tornava muito lógica, porque agora estava patente que cada táxon superior consistia em descendentes de um ancestral ainda mais remoto. Padrões de distribuição que antes haviam parecido caprichosos podiam agora ser explicados em termos de dispersão de descendentes. Quase todas as provas da evolução listadas por Darwin em *Origem das espécies* consistem de fato em evidência de descendência comum. Estabelecer a linha de descendência de tipos isolados ou aberrantes tornou-se o mais popular programa de pesquisa de anatomistas comparativos e paleontólogos, até o dia de hoje. Lançar luz sobre ancestrais comuns também se tornou o programa da embriologia comparada. Mesmo aqueles que não acreditavam em recapitulação estrita com freqüência descobriam similaridades em embriões que eram apagadas em adultos. Tais similaridades, como a corda em tunicados e vertebrados e arcos branquiais em peixes e tetrápodes terrestres, foram totalmente desconcertantes até ser interpretadas como vestígios de um passado comum.

Nada ajudou tanto a adoção rápida da evolução quanto o poder explicativo da teoria da descendência comum. Logo foi demonstrado que mesmo animais e plantas, aparentemente tão diferentes uns dos outros, podiam ter derivado de um ancestral comum unicelular. Isso já havia sido previsto por Darwin quando sugerira que "todas as nossas plantas e animais [descenderam] de alguma forma única, na qual a vida foi inicialmente instilada" (*Natural selection* [Seleção natural], p. 248). Os estudos de citologia (meiose, herança de cromossomos) e bioquímica confirmaram plenamente as evidências da morfologia e da sistemática para uma origem comum. Foi um dos triunfos da biologia molecular poder estabelecer que eucariotos e procariotos têm códigos genéticos idênticos, deixando assim pouca dúvida sobre a origem comum até mesmo desses grupos. Embora ainda haja um bom número de conexões por estabelecer entre táxons superiores, particularmente entre os filos de plantas e invertebrados, é bem possível que hoje não reste um só biólogo que questione que todos os organismos existentes na Terra descendem de uma única origem da vida.

Houve somente uma área na qual a aplicação da teoria da descendência comum encontrou resistência vigorosa: a inclusão de seres humanos na linha total de descendência. A julgar pelas caricaturas da época, nenhuma das teorias de Darwin era tão pouco aceitável para os vitorianos quanto a derivação de seres humanos de outros primatas. E no entanto, hoje em dia, essa derivação está não só notavelmente bem consubstanciada pelo registro fóssil como também a similaridade bioquímica e cromossômica de seres humanos e macacos africanos é tamanha que se torna um tanto enigmática a razão de serem eles tão diferentes, relativamente, em morfologia e desenvolvimento do cérebro.

GRADUALISMO VERSUS SALTACIONISMO

A terceira teoria de Darwin era que a transformação evolutiva sempre procede gradualmente, nunca aos saltos. Nunca se poderá entender a insistência de Darwin no gradualismo da evolução, nem a forte oposição a essa teoria, a não ser que se perceba que, na época, quase todo mundo era essencialista. A ocorrência de novas espécies, documentada no registro fóssil, só poderia ter lugar por novas criações — isto é, por saltos. No entanto, como as novas espécies eram perfeitamente adaptadas e não havia evidência de produção freqüente de espécies mal-adaptadas, Darwin viu apenas duas opções: ou a nova espécie perfeita havia sido especialmente criada por um Criador todo-poderoso e onisciente, ou então — se esse processo sobrenatural fosse inaceitável — havia evoluído gradualmente de espécies preexistentes por um processo lento, em que mantinha sua adaptação a cada estágio. Foi essa segunda opção que Darwin adotou.

Tal teoria do gradualismo foi um afastamento drástico da tradição. Teorias de uma origem saltacionista de novas espécies tinham existido desde os pré-socráticos até Maupertuis e os progressionistas, entre os chamados geólogos catastrofistas. Essas teorias saltacionistas eram compatíveis com o essencialismo.

A teoria da evolução totalmente gradualista de Darwin — não apenas as espécies, mas também táxons superiores emergem por transformação gradual — logo encontrou uma forte oposição. Mesmo os amigos mais próximos ficaram descontentes com ela. T. H. Huxley escreveu a Darwin no dia anterior ao da publicação de *Origem das espécies*: "Você se onerou com uma dificuldade desnecessária ao adotar *Natura non facit saltum* tão sem reservas [...]" (Darwin, F. 1887: 2, 27). Apesar das instâncias de Huxley, Galton, Kölliker e outros contemporâneos, Darwin insistiu de maneira quase obstinada no gradualismo da evolução, embora estivesse plenamente consciente da natureza revolucionária desse conceito. Com as exceções de Lamarck e Geoffroy, quase todos que já haviam refletido sobre mudanças no mundo orgânico eram essencialistas e haviam recorrido ao saltacionismo.

A fonte da forte crença de Darwin no gradualismo não é muito clara. O problema não foi ainda adequadamente analisado. O mais provável é que seu gradualismo seja uma extensão do uniformitarianismo de Lyell da geologia para o mundo orgânico. O fato de Lyell não ter conseguido tal extensão foi corretamente criticado por Bronn. Darwin, obviamente, também tinha razões estritamente empíricas para sua insistência no gradualismo. Seu trabalho com raças domesticadas, em especial com pombos, e suas conversas com criadores de animais o convenceram de como poderiam ser espantosamente diferentes os produtos de uma seleção lenta e gradual. Isso era bastante compatível com suas observações de tordos e tartarugas em Galápagos, que tinham sua melhor explicação como resultados de transformação gradual.

Finalmente, Darwin tinha razões didáticas para insistir na lenta acumulação de passos bem pequenos. Ele respondia ao argumento de seus opositores de que deveria ser possível "observar" a mudança evolutiva devida a seleção natural dizendo: "Como a seleção natural age somente pela acumulação de sutis variações favoráveis sucessivas, ela não pode produzir modificações grandes ou súbitas; pode apenas agir por passos muito curtos e lentos" (*Origem das espécies*, p. 471). Não resta muita dúvida de que a emergência geral do pensamento populacional em Darwin reforçou sua adesão ao gradualismo. Assim que se adota o conceito de que a evolução ocorre em populações e lentamente as transforma — e era disso que Darwin estava cada vez mais convicto —, é automaticamente forçoso adotar o gradualismo. É provável que gradualismo e pensamento populacional na origem fossem veios independentes no quadro conceitual de Darwin, mas ao final eles reforçaram um ao outro de maneira poderosa.

Os naturalistas foram os principais defensores da evolução gradual, que eles encontravam por toda parte na forma de variação geográfica. Mais adiante, geneticistas chegaram à mesma conclusão pela descoberta de mutações mais e mais sutis, de poligenia* e de pleiotropia.** O resultado é que o gradualismo conseguiu celebrar uma vitória completa durante a síntese evolucionista, apesar da contínua oposição de Goldschmidt e Schindewolf.

Definir gradualismo como evolução populacional — e isso é o que Darwin tinha basicamente em mente — nos permite dizer que, apesar de toda oposição, Darwin afinal convenceu com sua terceira teoria evolucionista. Entre as exceções ao gradualismo claramente estabelecidas estão casos de híbridos estabilizados que podem se reproduzir sem cruzamento (como alotetraplóides)*** e casos de simbiogênese**** (Margulis e Sagan, 2002).

* Vários genes atuantes sobre uma mesma característica. (N. T.)

** Propriedade de um gene determinar mais de um traço no fenótipo. (N. T.)

*** Organismo que tem dois conjuntos completos (diplóides) de cromossomos. (N. T.)

**** Processo de surgimento de organismos por endossimbiose, ou seja, fusão de organismos unicelulares de táxons diferentes (caso de organelas como as mitocôndrias, antigas bactérias incorporadas em eucariotos). (N. T.)

Nada é dito na teoria do gradualismo sobre a taxa à qual a mudança pode ocorrer. Darwin estava ciente de que a evolução pode por vezes progredir com bastante rapidez, mas, como Andrew Huxley (1981) assinalou recentemente de maneira muito acertada, ela poderia também conter períodos de estase completa "durante os quais essas mesmas espécies prosseguiam sem sofrer mudança alguma". Em seu conhecido diagrama de *Origem das espécies* (ao lado da p. 117), Darwin faz uma espécie (F) continuar inalterada por 14 mil gerações, ou mesmo através de toda uma série de estratos geológicos (p. 124). A compreensão da independência entre gradualismo e taxa evolutiva é importante para a avaliação da teoria do equilíbrio pontuado (Mayr, 1982c).

A MULTIPLICAÇÃO DE ESPÉCIES

Esta teoria de Darwin trata da explicação da origem da enorme diversidade orgânica. Estima-se que haja de 5 a 10 milhões de espécies de animais e 1 a 2 milhões de espécies de plantas na Terra. Embora apenas uma fração desse número fosse conhecida nos dias de Darwin, o problema da razão da existência de tantas espécies e de como se originaram já estava presente. Lamarck havia ignorado a possibilidade de uma multiplicação de espécies em seu *Philosophie zoologique* [Filosofia zoológica] (1809). Para ele, a diversidade era produzida por adaptação diferencial. Novas linhas evolutivas se originavam por geração espontânea, pensava. No mundo de estado estacionário de Lyell, o número de espécies era constante, e novas espécies eram introduzidas para substituir aquelas que haviam sido extintas. Qualquer pensamento sobre separação de uma espécie em várias espécies-filhas estava ausente desses primeiros autores.

Encontrar a solução para o problema da diversificação das

espécies requeria uma abordagem inteiramente nova, e só os naturalistas estavam em posição de encontrá-la. L. von Busch, nas ilhas Canárias, Darwin, nas Galápagos, Wagner, na África do Norte, e Wallace, na Amazônia e no arquipélago Malaio, foram os pioneiros dessa empreitada. Ao acrescentar a dimensão horizontal (geografia) à vertical, que previamente havia dominado o pensamento evolucionista, todos conseguiram descobrir espécies geograficamente representativas (alopátricas) ou espécies incipientes. Mais importante que isso, porém, esses naturalistas encontraram numerosas populações alopátricas que estavam em todos os estágios intermediários concebíveis da formação de espécies. A descontinuidade aguda entre espécies que tanto havia impressionado John Ray, Carl Lineu e outros estudiosos da situação não dimensional (os naturalistas locais) foi então suplementada pela continuidade entre espécies devido à incorporação da dimensão geográfica.

Ao se definir espécie apenas como tipos morfologicamente diferentes, escamoteia-se a questão real da multiplicação de espécies. Uma formulação mais realista do problema da especiação não foi possível até o desenvolvimento do conceito biológico de espécie (K. Jordan, Poulton, Stresemann, Mayr). Somente então se viu que o problema real é a aquisição do isolamento reprodutivo entre espécies contemporâneas. A transformação de uma linha filética na dimensão do tempo (evolução filética gradual, como foi depois designada) nada esclarece sobre a origem da diversidade. O que então o faria?

Darwin debateu-se com o problema da multiplicação de espécies por toda a sua vida. Foi só depois de ter descoberto as três novas espécies de tordos em ilhas diferentes das Galápagos que Darwin desenvolveu um conceito plenamente coerente de especiação geográfica. Seu pensamento, naquele período, parece ter sido derivado exclusivamente da literatura zoológica.

No devido tempo, porém, Darwin se familiarizou com variedades de plantas, em particular por intermédio de seu amigo botânico Hooker (Kottler, 1978; Sulloway, 1979). E essa nova informação parecia complicar o quadro. O que Darwin não percebeu foi que os botânicos estavam usando o termo "variedade" não para raças geográficas, mas para um tipo inteiramente diferente de variantes. Para um botânico, na maioria das vezes, uma variedade era uma variante individual ("morfo")* em uma população. Como até aquela época uma variedade [de animais] que constituía uma raça geográfica era uma espécie incipiente, Darwin presumiu que o mesmo era verdadeiro para qualquer variedade, incluindo as de plantas. Conseqüentemente, uma variedade individual de plantas era uma espécie incipiente. Até essa expansão da terminologia de Darwin, de variedade geográfica para variedade individual, a especiação era um processo geográfico. No entanto, se inúmeras variedades individuais que coexistissem num local pudessem ao mesmo tempo tornar-se novas e diferentes espécies, então a especiação poderia ser um processo simpátrico. Darwin desenvolveu, auxiliado por seu novo "princípio de divergência", um novo cenário de especiação simpátrica (Mayr, 1992). E o cenário de Darwin parece ter sido tão convincente que, a partir da década de 1860, a especiação simpátrica baseada no princípio de divergência se tornou tão popular quanto a especiação geográfica baseada no isolamento de variedades geográficas (subespécies). A aplicação do princípio de divergência ao processo de especiação é um tema complexo e, para sua explicação, remeto a uma análise especial (Mayr, 1992). O tratamento da especiação por Darwin em *Origem das espécies* revela sua confusão acerca de espécies e especiação. Isso não foi esclarecido até a síntese dos anos 1940.

Embora Darwin mereça crédito, em conjunto com Wallace, por ter proposto concretamente, pela primeira vez, o problema da

* Em ecologia, uma forma particular de organismo que difere da forma típica. (N. T.)

multiplicação de espécies, o pluralismo de sua solução levou a uma história de controvérsia contínua que ainda hoje não se encerrou por completo. De início, no período de 1870 a 1940, a especiação simpátrica talvez tenha sido a mais popular teoria de especiação, embora alguns autores, principalmente ornitólogos e especialistas em outros grupos que exibem forte variação geográfica, insistissem em especiação geográfica exclusiva. A maioria dos entomologistas, no entanto, assim como muitos botânicos, ainda que admitindo a ocorrência de especiação geográfica, considerava a especiação simpátrica mais comum e, assim, a mais importante forma de especiação. Depois de 1942, a especiação alopátrica foi mais ou menos vitoriosa por cerca de 25 anos, mas foram então encontrados tantos casos bem analisados de especiação simpátrica, sobretudo entre peixes e insetos, que já não há mais dúvida sobre a freqüência da especiação simpátrica.

Os paleontólogos, como um todo, ignoraram completamente o problema da multiplicação de espécies. Não se encontra discussão sobre isso na obra de G. G. Simpson, por exemplo. Os paleontólogos acabaram por incorporar a especiação em suas teorias (Eldredge e Gould, 1972), mas suas conclusões se baseavam na pesquisa sobre especiação daqueles que haviam estudado organismos vivos.

Há três razões para que a especiação ainda esteja em questão, 145 anos após a publicação de *Origem das espécies*. A primeira é que, como em toda pesquisa em evolução, os evolucionistas analisam os resultados de processos evolutivos passados e, assim, ficam obrigados a obter suas conclusoes por inferência. Conseqüentemente, encontram-se todas as bem conhecidas dificuldades da reconstrução de seqüências históricas. A segunda dificuldade é que, apesar de todo o progresso em genética, ainda somos quase inteiramente ignorantes sobre o que acontece, em termos genéticos, durante a especiação. E, por fim, tornou-se evidente que mecanismos genéticos bem diferentes estão envolvidos na especiação de diferentes tipos de organismos, em circunstâncias diversas.

Uma descoberta um tanto inesperada nos anos 1970 foi responsável pela ampla aceitação da especiação simpátrica desde então. Como assinalei em 1963, a especiação simpátrica bem-sucedida só é possível se houver uma cooperação simultânea de dois novos fatores: preferência de nicho e preferência de parceiro. Minha oposição anterior à especiação simpátrica se baseava na premissa de que essas duas preferências seriam tratadas em separado pela seleção natural. No entanto, pesquisas recentes, em particular com peixes ciclídeos de Camarões, mostraram que as duas preferências podiam ser combinadas. Se, por exemplo, as fêmeas tiverem uma preferência por machos de um nicho particular de alimentação — como os bentônicos* — e por machos que indiquem essa preferência por meio de seu fenótipo, a preferência conjunta pode produzir rapidamente uma nova espécie simpátrica. Minha premissa de herança separada das duas preferências era inválida. Casos de especiação simpátrica de mamíferos e aves são desconhecidos por mim. No entanto, é presumivelmente freqüente em grupos de insetos com hospedeiro específico. O mapeamento da distribuição geográfica de espécies estreitamente aparentadas, como *Cerambycidae* e *Buprestildae*, deve fornecer uma resposta.

SELEÇÃO NATURAL

A teoria da seleção natural de Darwin foi a sua teoria mais ousada e inovadora. Tratava do mecanismo da mudança evolutiva

* *Benthic feeder*, isto é, aquele que se alimenta na região bentônica, o relevo no fundo de um corpo d'água. (N. T.)

e, mais particularmente, como esse mecanismo podia dar conta da aparente harmonia e adaptação do mundo orgânico. Tentava dar uma explicação natural, em lugar da explicação sobrenatural da teologia natural. A teoria de Darwin para esse mecanismo natural era única. Nada havia de comparável em toda a literatura filosófica desde os pré-socráticos até Descartes, Leibniz, Hume ou Kant. Substituía a teleologia na natureza por uma explicação essencialmente mecânica.

Apresentei uma análise detalhada da seleção natural no capítulo 5. Para evitar repetição, neste capítulo me limito a alguns poucos aspectos da seleção. Para Darwin, e desde então para todo darwinista, a seleção natural procede em duas etapas: a produção de variação e sua discriminação por seleção e eliminação.

Embora eu chame a teoria de seleção natural de quinta teoria de Darwin, ela é, por sua vez, um pequeno pacote de teorias. Ele inclui a teoria da existência perpétua de um excedente reprodutivo (superfecundidade), a teoria da herdabilidade de diferenças individuais, a do caráter descontínuo dos determinantes da hereditariedade e várias outras. Muitas delas não foram explicitamente formuladas por Darwin, mas estão implícitas em seu modelo como um todo. No entanto, todas são compatíveis com a natureza populacional da seleção. Toda seleção tem lugar em populações e altera a composição genética de cada população, geração após geração. Isso está em franco contraste com o caráter descontínuo da evolução saltacionista por meio de indivíduos reprodutivamente isolados. O que costuma ser ignorado, no entanto, é que mesmo a evolução contínua é levemente descontínua, devido à seqüência de gerações. A cada geração, um novo acervo genético [*gene pool*] é reconstituído, do qual os indivíduos são sorteados como alvos de seleção em cada geração.

Entre todas as teorias de Darwin, a da seleção natural foi a que encontrou resistência mais acirrada. Se fosse verdade, como alegam alguns sociólogos, que a teoria era a conseqüência inevitável do *Zeitgeist* da Grã-Bretanha do começo do século XIX, da Revolução Industrial, de Adam Smith e das várias ideologias do período, seria o caso de acreditar que a teoria da seleção natural tivesse sido adotada de imediato por quase todo mundo. Exatamente o oposto é verdade: a teoria teve rejeição quase universal. Na década de 1860, poucos naturalistas, como Wallace, Bates, Hooker e Fritz Müller* poderiam ser chamados de verdadeiros selecionistas. Lyell nunca soube o que fazer com a seleção natural, e mesmo T. H. Huxley, ao defendê-la em público, estava obviamente constrangido e ao que tudo indica não acreditava de fato nela (Poulton, 1896; Kottler, 1985). Antes de 1900, não houve um único biólogo experimental, na Grã-Bretanha ou noutra parte, que adotasse a teoria (Weismann era no fundo um naturalista). Obviamente, até Darwin não era um selecionista completo, porque sempre deixou espaço para efeitos de uso e desuso e para uma influência direta ocasional do ambiente. A resistência mais determinada partiu daqueles que haviam sido formados na ideologia da teologia natural. Eram de todo incapazes de abandonar a idéia de um mundo projetado por Deus e de aceitar em seu lugar um processo mecânico. De maneira ainda mais importante, uma aplicação contínua da teoria da seleção natural significava a rejeição de toda e qualquer teleologia cósmica. Sedgwick e K. E. von Baer, em particular, se articularam na resistência à eliminação da teleologia.

A seleção natural representa não só a rejeição de quaisquer causas finalistas que possam ter uma origem sobrenatural, mas também rejeita todo e qualquer determinismo no mundo orgânico. A seleção natural é totalmente "oportunista", como a chamou

* O alemão Johann Friedrich Theodor "Fritz" Müller (1821-97), emigrado para o Brasil em 1852, trabalhou como naturalista-viajante para o Museu Imperial (hoje Museu Nacional) coletando amostras para suas coleções. Escreveu em 1864 o livro *Für Darwin* [A favor de Darwin], apenas cinco anos depois da publicação de *Origem das espécies*. (N. T.)

G. G. Simpson; é uma "buriladora" [*tinkerer*] (Jacob, 1977). Ela começa do zero, por assim dizer, a cada geração, como descrevi acima. Por todo o século XIX, os cientistas físicos ainda eram deterministas em sua visão, e um processo tão indeterminado quanto a seleção natural era simplesmente inaceitável para eles. Basta ler as críticas a *Origem das espécies* escritas por alguns dos mais conhecidos físicos do período (Hull, 1973) para ver como foi forte a objeção dos físicos à "lei da mixórdia" de Darwin (F. Darwin, 1887: 2, 37; Herschel, 1861: 12). Desde os gregos até os dias de hoje tem havido uma discussão interminável sobre os eventos da natureza se deverem ao acaso ou à necessidade (Monod, 1970). Curiosamente, nas controvérsias sobre seleção natural, o processo foi com freqüência descrito como "puro acaso" (Herschel e muitos outros opositores da seleção natural) ou como um processo de otimização estritamente determinista. Ambas as classes de alegações desconsideram o processo de seleção natural em duas etapas e o fato de que, na primeira etapa, fenômenos ao acaso prevalecem, enquanto a segunda etapa é decididamente de natureza anticasual. Como disse Sewall Wright, com muita propriedade: "O processo darwiniano de contínua interação de processos aleatórios e processos seletivos não é um intermediário entre puro acaso e pura determinação, mas qualitativamente diferente de ambos, de modo marcante, em suas conseqüências" (1967: 117).

Embora todos tenham aceitado a evolução de maneira muito rápida, de início só uma minoria de biólogos e poucos não-biólogos se tornaram selecionistas conseqüentes. Isso foi verdade até o período da síntese evolucionista. Em lugar disso, aceitavam-se teorias finalistas, teorias neolamarckistas e teorias saltacionistas. A controvérsia sobre seleção natural de modo algum terminou. Mesmo hoje a relação entre seleção e adaptação é acaloradamente debatida na literatura evolucionista, e tem sido questionado se é legítimo adotar-se um "programa adaptacionista" — isto é, pesquisar o significado adaptativo das várias características dos organismos (Gould e Lewontin, 1979). Mas a pergunta que se encontra de fato diante de nós não é tanto se a seleção natural já foi universalmente adotada por evolucionistas — pergunta a que se pode responder sim sem hesitação —, mas se o conceito de seleção natural dos evolucionistas modernos ainda é o de Darwin, ou se foi consideravelmente modificado.

Quando Darwin iniciou o desenvolvimento de sua teoria da seleção natural, ainda estava inclinado a pensar que ela poderia produzir adaptação quase perfeita, no espírito da teologia natural (Ospovat, 1981). Mais reflexão e a percepção de numerosas deficiências na estrutura e na função de organismos — talvez, em especial, a incompatibilidade de um mecanismo produtor de perfeição com a extinção — levaram Darwin a reduzir suas alegações de seleção, de modo que, em *Origem das espécies*, tudo que ele pede é que "a seleção natural tenda apenas a tornar cada organismo, cada ser orgânico, tão perfeito quanto ou ligeiramente mais perfeito que os outros habitantes da mesma terra, com os quais tem de lutar por sua existência" (p. 201). Hoje em dia estamos ainda mais conscientes das numerosas restrições que tornam impossível para a seleção natural alcançar a perfeição, ou, para dizê-lo de maneira talvez mais realista, de chegar até mesmo perto da perfeição (Gould e Lewontin, 1979; Mayr, 1982a).

OS DESTINOS VARIADOS DAS CINCO TEORIAS DE DARWIN

Podemos agora resumir o destino subseqüente de cada uma das cinco teorias de Darwin, que discuti acima. A evolução propriamente dita, assim como a teoria da descendência comum, foi adotada muito depressa. No prazo de quinze anos após a publicação de *Origem das espécies*, era raro encontrar um biólogo que não tivesse se tornado um evolucionista. O gradualismo, em contraste, teve de batalhar, porque o pensamento populacional era um conceito aparentemente muito difícil de adotar por quem não fosse um naturalista. Mesmo hoje, nas discussões sobre o equilíbrio pontuado, são feitas afirmações que indicam que algumas pessoas ainda não entendem o cerne do pensamento populacional. O que conta não é o tamanho da mutação individual, mas apenas se a introdução de novidades evolutivas procede por meio de sua gradual incorporação em populações ou por meio de produções de um único novo indivíduo progenitor de uma nova espécie ou de um táxon superior.

Hoje se dá como certo que a teoria da multiplicação das espécies é um componente essencial, e de fato indispensável, da teoria da evolução tal como inicialmente formulada por Wallace e Darwin. O modo como essa multiplicação se realiza ainda é controverso. Presume-se amplamente que a especiação alopátrica, e sobretudo sua forma especial de especiação peripátrica (Mayr, 1954, 1982c), é o modo mais comum. Igualmente se aceita que a especiação por poliploidia é comum em plantas. Ainda é controversa a importância de outros processos, como especiação simpátrica e parapátrica. Por fim, a importância da seleção natural, teoria à qual em geral se refere o biólogo moderno quando fala de darwinismo, é hoje firmemente aceita por quase todos. Teorias rivais — como teorias finalistas, neolamarckistas e saltacionistas — foram tão cabalmente refutadas que não são mais discutidas a sério. O ponto em que o biólogo moderno talvez se diferencie mais de Darwin é na atribuição de um papel muito maior aos processos estocásticos do que fizeram Darwin e os primeiros neodarwinistas. O acaso cumpre uma função não só na primeira etapa da seleção natural, a produção de indivíduos novos e geneticamente únicos, mas também durante o processo probabilístico de determinação do sucesso reprodutivo desses indivíduos. No entanto, quando se consideram todas as modificações feitas nas teorias darwinianas entre 1859 e 2004, descobre-se que nenhuma dessas mudanças afeta a estrutura básica do paradigma darwiniano. Não há justificativa para a alegação de que o paradigma darwiniano foi refutado e tem de ser substituído por algo novo. Fico impressionado e acho quase um milagre que Darwin tenha chegado em 1859 tão perto do que seria considerado válido 145 anos depois. E essa extraordinária estabilidade do paradigma darwiniano justifica que seja aceito tão amplamente como um fundamento legítimo para a filosofia da biologia e, em particular, como uma base para a ética humana.

7. Maturação do darwinismo

Embora Darwin tenha apresentado em 1859 com grande detalhe, em *Origem das espécies*, os princípios do darwinismo, foram necessários outros oitenta anos para que os biólogos o aceitassem plenamente. Havia muitas razões para tanto desacordo na biologia evolucionista daquele período. Talvez a razão principal tenha sido que o próprio conceito de darwinismo continuou a mudar ao longo do tempo, e diferentes darwinistas endossavam combinações diversas das cinco teorias de Darwin (ver capítulo 6). Em meu *One long argument* [Uma longa discussão] (1991), descrevi nove usos diferentes do termo "darwinismo", que se tornaram mais populares ou menos populares conforme o período. Apenas um tratamento cronológico pode fazer justiça à história do conceito de darwinismo.

ESTÁGIOS NA MATURAÇÃO DO DARWINISMO

Hoje já está claro por que havia tanto desacordo na biologia evolucionista durante os primeiros oitenta anos. De início, darwinismo significava simplesmente anticriacionismo. Um evolucionista era rotulado como darwinista desde que adotasse pelo menos a teoria de que a mudança evolutiva era devida a causas naturais, e não à ação divina (Mayr, 1991, 1997). Alguém era darwinista se considerasse a ciência como uma empreitada secular. Conseqüentemente, mesmo opositores da seleção natural, como T. H. Huxley e Charles Lyell, eram chamados de darwinistas. Não espanta que o termo "darwinismo" tivesse tantos significados no século XIX.

1859—1882

Os primeiros anos após 1859 foram de considerável confusão na biologia evolucionista. É certo que duas das cinco teorias de Darwin, um mundo em evolução e a descendência comum, foram de imediato quase universalmente aceitas, mas as outras três não eram populares. A seleção natural, em particular, era uma visão um tanto minoritária.

O transmutacionismo e as duas teorias transformacionistas eram tremendamente mais populares que a evolução variacional de Darwin (Mayr, 2001). Darwin havia desistido da especiação e seus amplos esforços para explicar a natureza e a origem da variação foram malsucedidos. A herança de características adquiridas tinha aceitação quase universal, e Darwin a adotou simultaneamente à seleção natural. Isso o ajudou a explicar a ubiqüidade de novas variações e, para ele, não afetava a primazia da seleção natural. Uma grande parcela dos naturalistas aceitava tal combinação de seleção natural e herança de características adquiridas (Plate, 1913).

1883—1899

Em 1883, August Weismann, o maior evolucionista depois de Darwin, publicou sua refutação da herança de características adquiridas e foi seguido por Alfred Russel Wallace e outros darwinistas. Por meio de suas teorias gerais, Weismann preparou o caminho para a redescoberta de Mendel, como assinalou Correns acertadamente. Romanes (1894) cunhou o termo "neodarwinismo" para esse novo tipo de darwinismo sem a herança de características adquiridas. Alguns historiadores recentes exorbitaram o uso do termo "neodarwinismo", designando com ele o conjunto de teorias que emergiu da síntese evolucionista, mas isso foi um erro. Neodarwinismo é a designação para o darwinismo revisado por Weismann (com a exclusão de toda herança de características adquiridas).

1900—1909

Quando a obra de Gregor Mendel foi redescoberta em 1900, muitos alimentaram a esperança de que a nova ciência da genética, com suas leis da hereditariedade, viesse a fornecer as respostas para as grandes controvérsias sobre evolução que grassavam desde os dias de Darwin.

Os mais destacados geneticistas mendelianos interessados em evolução — Hugo de Vries (um dos "redescobridores" de Mendel), William Bateson e Wilhelm Johannsen —, porém, infelizmente rejeitavam a seleção natural, pedra de toque do pensamento de Darwin. De Vries, com certeza, favorecia em seu lugar o saltacionismo. De acordo com ele, uma nova espécie surge com uma grande mutação genética, que num único salto (saltacionismo) dá origem ao novo táxon. Essa teoria saltacionista dominou a genética evolucionista de 1900 até por volta de 1915. Como infelizmente essa teoria mendeliano-mutacionista da mudança evolutiva era de larga aceitação entre geneticistas, foi tomada pela maioria dos naturalistas como a teoria genética da evolução, sob o nome de mendelismo, embora não fosse apoiada por alguns "mendelianos". Uma vez que os naturalistas como um todo acreditavam em evolução gradual e variação populacional, eles consideraram o mendelismo saltacionista um tanto inaceitável, e isso criou um fosso pelo visto intransponível entre evolucionistas.

Desde a época de Darwin, e mesmo antes dela, aqueles que observavam populações de seres vivos perceberam que a origem de novas espécies era em geral um processo gradual. Esses naturalistas não tinham nada a ver com mutacionismo e, ao contrário, se aferraram ao conceito de evolução gradual, o qual havia sido articulado inicialmente por Jean-Baptiste Lamarck, no começo do século XIX. Como o gradualismo era explicado pelo transformacionismo lamarckista, esses naturalistas se tornaram lamarckistas.

Contudo, os mendelianos não eram os únicos geneticistas da época. Havia outros, entre eles Nilsson-Ehle, Baur, Castle, East e, na Rússia, Tchetverikov, que aceitavam a ocorrência de pequenas mutações e seleção natural. A existência desses geneticistas gradualistas, no entanto, foi ignorada pelos naturalistas, que concentraram seu ataque no saltacionismo de De Vries e seguidores. No geral, a interpretação darwiniana, com sua ênfase no papel da seleção natural, teve seu ponto de popularidade mais baixo nesse primeiro período da genética (começo do século XX) e era, na época, freqüentemente declarada morta.

1910—1932

A nova ciência da genética desenvolveu metodologias inovadoras e um novo quadro teórico, distanciando-se do transmutacionismo dos mendelianos. Por volta de 1910, no laboratório de T. H. Morgan na Universidade Columbia (Nova York), uma nova geração de geneticistas entrou em cena com descobertas que contradiziam as visões dos primeiros mendelianos. Em seus experimentos com moscas-das-frutas (*Drosophila*), esses pesquisadores descobriram que a maioria das mutações era pequena o bastante para permitir uma mudança gradual em populações; saltos repentinos não eram necessários. Logo o saltacionismo dos mendelianos foi considerado obsoleto. Entre 1915 e 1932, os geneticistas populacionais matemáticos Fisher (1930), Wright (1931) e Haldane (1932) mostraram que genes com somente pequenas vantagens seletivas podiam ser incorporados, no tempo devido, no genótipo de populações. A evolução filética podia agora ser explicada nos termos da nova genética. Lamentavelmente, a maioria dos naturalistas não estava ciente desses desenvolvimentos e ainda combatia o antigradualismo dos primeiros mendelianos.

De acordo com a teoria mais ou menos unificada de Fisher e seus colegas, a evolução foi definida como mudança nas freqüências gênicas em populações, mudança essa ocasionada pela seleção natural gradual de pequenas mutações aleatórias. Já em 1932, um consenso sobre esses achados havia sido alcançado entre as várias escolas de geneticistas em disputa. Foi uma síntese entre geneticistas populacionais matemáticos e selecionistas darwinianos. Tal síntese, que se pode chamar de fisheriana em reconhecimento a seu maior representante, solucionou um dos dois maiores problemas da biologia evolucionista, o da adaptação. Lamentavelmente, tal síntese fisheriana do final dos anos 1920 tem sido confundida por muitos historiadores com uma segunda síntese, que envolveu a biodiversidade.

A EXPLICAÇÃO DA ORIGEM DA BIODIVERSIDADE

A adaptação é somente metade da história da evolução. A biologia evolucionista se refere a dois processos separados: evolução filética, ao longo do tempo e no interior de uma dada população, e a origem e a multiplicação de espécies. Fisher, Wright e Haldane estavam interessados primordialmente em determinar como uma população evolui à medida que o ambiente muda. Esse ramo da biologia evolucionista ficou conhecido como o estudo da *anagênese*. Os naturalistas, em contraste, estavam mais interessados em diversidade e em determinar como novas espécies se ramificam a partir de espécies parentais. Esse estudo da origem da biodiversidade costuma ser designado como *cladogênese*. Em outras palavras, os geneticistas populacionais matemáticos tratavam da dimensão vertical, ou "temporal", da evolução (mudanças ao longo do tempo em meio a uma dada população), enquanto naturalistas na maioria das vezes se ocupavam da dimensão horizontal, ou geográfica, da evolução (a produção de novas espécies em um dado momento).

1937—1947

Esse segundo grande problema evolucionista — a multiplicação de espécies, ou a origem da biodiversidade — permaneceu sem solução por meio da síntese fisheriana. Os geneticistas não conseguiam explicar a especiação porque seus métodos os restringiam ao estudo, em cada momento dado, de uma única população, de um único acervo de genes. Embora resolvesse o conflito entre genética mendeliana e seleção natural, a síntese fisheriana não conseguiu enfrentar a divergência entre genética matemática e biodiversidade. Fisher, Haldane e Wright estavam atentos ao problema da origem da biodiversidade e se referiram vagamente a ele, sobretudo Wright, mas não pareciam perceber o papel desempenhado pela localização geográfica de populações e por seu isolamento. Fornecer uma explicação de como a vida prolifera em tantas formas diversas a cada momento dado — por oposição a uma só forma que muda continuamente ao longo do tempo — foi o feito de uma segunda síntese, iniciada em 1937 pela obra de Dobzhansky *Genetics and the origin of species* [Genética e a origem das espécies].

Na realidade, os naturalistas europeus, por meio de seu trabalho em taxonomia e história natural, já dispunham nos anos 1920 de uma explicação para a origem da biodiversidade. De acordo com esses naturalistas-taxonomistas, a especiação ocorre quando duas populações de uma espécie se tornam fisicamente separadas uma da outra e, durante esse isolamento espacial, se tornam também reprodutivamente isoladas, seja por meio de barreiras de infertilidade, seja por incompatibilidades comportamentais (mecanismos de isolamento). Às vezes a separação geográfica ocorre por causa de uma nova barreira física (uma nova cadeia de montanhas ou um novo braço de mar), ou especiação dicopátrica, e às vezes porque uma população fundadora se estabelece além da área de distribuição anterior da espécie, ou especiação peripátrica. Se a população geograficamente isolada contiver o potencial para uma divergência importante, uma nova espécie se ramificará da espécie parental. Tanto a especiação dicopátrica quanto a peripátrica são designadas como especiação geográfica.

Essas ideias sobre especiação permaneceram desconhecidas para os geneticistas de laboratório. Enquanto isso, os naturalistas eram igualmente incapazes de chegar a um entendimento pleno da evolução por causa de sua ignorância sobre desenvolvimentos recentes na genética. Eles ainda atacavam o modelo saltacionista dos primeiros mendelianos, que Fisher e seus colegas já haviam refutado muito antes. Dado que naturalistas como Stresemann e Rensch e zoólogos franceses não podiam aceitar os grandes saltos genéticos de De Vries e não estavam cientes das pequenas mutações descobertas por geneticistas mais recentes, eles se voltaram para o lamarckismo para explicar a evolução gradual. Os naturalistas (inclusive eu) aceitavam a noção lamarckista de que a variação emergia por meio do uso ou desuso de partes existentes do corpo e de que essas "características" adquiridas poderiam ser transmitidas para a prole. Embora a maioria dos naturalistas defendesse firmemente a seleção contra os erros dos saltacionistas, eles também retinham uma explicação lamarckista ultrapassada da variação. Assim, apesar dos grandes avanços obtidos tanto na genética quanto na taxonomia, havia um abismo profundo de incompreensão entre os geneticistas experimentais e os naturalistas-taxonomistas. Alguns geneticistas matemáticos creditam o "modelo de paisagem" de Wright como uma contribuição para a solução da teoria geográfica da especiação, mas uma análise crítica da teoria pertinente não oferece apoio para tal alegação.

Esse abismo só foi transposto pela "síntese evolucionista" dos anos 1940. Como mencionado, houve uma síntese anterior, aquela entre genética e darwinismo, à qual me referi como síntese fisheriana (origem da genética populacional matemática). Ela tem sido com freqüência confundida com a síntese posterior de Dobzhansky (origem da biodiversidade), nas histórias escritas por geneticistas. Essa síntese anterior ("fisheriana") lidava com acervos genéticos simples, com populações únicas, com variações genéticas e com a origem da adaptação. Não fez contribuição alguma para a solução do problema da biodiversidade. Permanecia o abismo entre os geneticistas, particularmente interessados em variação e adaptação, e os taxonomistas, interessados na origem da biodiversidade.

Na realidade, não havia mais conflito entre a interpretação micromutacional da evolução (tal como é aceita hoje por geneticistas) e as idéias evolucionistas dos naturalistas. No entanto, os geneticistas lidavam apenas com uma dada população, e o campo da origem da biodiversidade ficava fora do alcance de sua metodologia. Em conseqüência, havia ainda uma distância considerável entre os geneticistas e os naturalistas (taxonomistas). A transposição dessa fenda foi iniciada em 1937 com a publicação de *Genetics and the origin of species*, de Dobzhansky. Por sua formação, ele estava idealmente qualificado para essa tarefa. Naturalista desde a infância, havia recebido sua educação biológica na Rússia, onde se interessou pela variação individual e geográfica e pela especiação em um grupo de besouros (*Coccinellidae*). Com a idade de 27 anos, foi para os Estados Unidos e entrou para o laboratório de T. H. Morgan, onde adquiriu plena familiaridade com a moderna genética evolucionista. O resultado feliz dessas duas influências tão diferentes foi seu livro *Genetics and the origin of species*, publicado em 1937. Esse livro mostrou a geneticistas e naturalistas que suas teorias da evolução eram perfeitamente compatíveis e que era possível obter uma síntese das duas principais áreas em biologia evolucionista, o estudo da evolução filética em populações (anagênese) e a origem da biodiversidade — espécies, especiação, macroevolução (cladogênese). Essa síntese dos dois campos foi completada em publicações subseqüentes de Mayr, *Systematics and the origin of species* [Sistemática e a origem das espécies] (1942); Huxley, *Evolution, the modern synthesis* [Evolução, a síntese moderna] (1942); Simpson, *Tempo and mode in evolution* [Ritmo e modo em evolução] (1944); Stebbins, *Variation and evolution in plants* [Variação e evolução em plantas] (1950); e, no continente europeu, por Rensch (1947).

Essa síntese dos anos 1940 tratou primordialmente da origem e do significado da biodiversidade: como e por que surgem novas espécies. Toda população tem de estar bem adaptada, em cada momento, e isso basta para explicar as mudanças que ocorrem numa espécie no curso do tempo. Mas a população não precisa produzir novas espécies para permanecer adaptada. Os mecanismos que produzem novas espécies requerem explicações muito diversas dos mecanismos que mantêm a adaptação estudados por geneticistas.

Outro grande feito da síntese evolucionista foi estabelecer uma frente comum dos verdadeiros darwinistas contra três teorias não darwinianas de evolução que ainda eram largamente aceitas por volta de 1930: lamarckismo (ainda aceita, então, por muitos naturalistas), saltacionismo [promovido por Schindewolf (1950) e por Goldschmidt (1940) com seus "monstros esperançosos"] e ortogênese (uma crença num gênero de componente teleológico, orientado por uma meta, em evolução). Após a síntese, essas três teorias não tinham mais função em discussões evolucionistas sérias (Mayr, 2001).

Em 1947, quando evolucionistas se encontraram em Princeton num simpósio para celebrar a síntese, perceberam que de fato um consenso fora alcançado, em grande medida, e que as maiores controvérsias dos cinqüenta anos precedentes já haviam se transformado em assunto para historiadores. Restava somente um único desacordo sério entre os dois campos, relacionado com o objeto de seleção. Para os naturalistas, assim como havia sido para Darwin, era o indivíduo, enquanto para os geneticistas era o gene, em parte porque isso facilitava a computação. Na realidade, tratase de uma diferença bem importante, porque ilustra a tendência reducionista dos geneticistas populacionais, ao passo que os principais artífices da síntese, sobretudo os naturalistas, tinham visões marcadamente holistas. Já antes da síntese, eu, como a maioria dos naturalistas, era um holista. A evolução, para mim, dizia respeito ao organismo todo, e o organismo como um todo era o alvo da seleção. Essa era, obviamente, a tradição darwiniana. Admito que, durante a síntese, empreguei a fórmula padrão dos geneticistas, segundo a qual "a evolução é uma mudança na freqüência dos genes", embora isso fosse de fato incompatível com meu pensamento holista. Mas não me dei conta dessa contradição senão muitos anos depois (Mayr, 1977). Na realidade, apesar da síntese, a definição de evolução (seja reducionista, seja holista) continuou a ser o ponto principal de desacordo entre os geneticistas e os naturalistas. Para os naturalistas, a evolução é mais que a mudança nas freqüências de genes: é a aquisição e a manutenção de adaptação e a origem de nova biodiversidade.

1950—2000

Imediatamente após a síntese veio a revolução molecular, um episódio de fato revolucionário na história da biologia. Avery mostrou em 1944 que o material genético consiste não em proteínas, mas em ácidos nucléicos; Watson e Crick descobriram em 1953 a estrutura do DNA, o que permitiu explicar suas atividades. Essa descoberta abriu uma nova e crucial dimensão para a análise genética e resolveu inumeráveis questões antes insolúveis. Finalmente, em 1960, Jacob e Monod mostraram que havia vários tipos de DNA e, em particular, um DNA regulador especial que controla a atividade dos genes estruturais. Essas descobertas produziram uma mudança tão cataclísmica nas idéias dominantes que era justo esperar um efeito drástico sobre o darwinismo.

Com efeito, a biologia molecular fez inumeráveis contribuições importantes para nosso entendimento da evolução. Ela mostrou que o código genético é essencialmente o mesmo desde as bactérias primitivas até os organismos multicelulares superiores. Isso demonstra que toda a vida hoje existente na Terra descende de uma única origem. A biologia molecular também mostrou que a informação só pode ser transferida de ácidos nucléicos para proteínas, e não de proteínas para ácidos nucléicos. Essa é a razão pela qual não pode haver herança de características adquiridas.

O impacto maior da revolução molecular sobre a biologia evolucionista viria da genômica, o estudo comparativo de seqüências gênicas. Ela mostrou que vários genes são muito velhos. Por exemplo, alguns genes mamíferos podem ser identificados com genes em filos de não-cordados e até com genes procariotos. A genômica permite o estudo do efeito da substituição de pares de bases isolados, o efeito da inserção de DNA não codificante, o trânsito de genes por transferência horizontal e o efeito de todas as numerosas mudanças de genes e de sua posição nos cromossomos. A invenção do relógio molecular por Zuckerhandl e Pauling foi uma enorme contribuição para a metodologia evolucionista. A genômica está em processo de se transformar em um ramo importante de genética evolucionista. Não pode ser abrangida com poucas palavras, e aqui remeto para a literatura relevante (Campbell e Heyer, 2002).

A revolução molecular é particularmente importante por duas razões. Ela permitiu reviver várias divisões da biologia clássica, como a biologia do desenvolvimento e todos os aspectos da fisiologia dos genes que haviam sido negligenciados antes, no século XX. Ao adotar métodos e teorias moleculares, essas áreas experimentaram uma revitalização e uma aproximação com os ramos modernos da biologia. Entre outros avanços, talvez o mais interessante tenha sido que, por meio da biologia molecular, vários físicos e bioquímicos vieram a se interessar por evolução. Isso resultou em esforço para estreitar a distância entre ramos da biologia que anteriormente tinham pouco conhecimento um do outro. Foi assim que a biologia molecular deu uma contribuição importante para a unificação da biologia que teve lugar no século XX. Um exame de quase todas as edições atuais de *Evolution, The American Naturalist* ou outros periódicos evolucionistas revelará como tem sido grande a contribuição dos métodos moleculares para a solução de problemas da evolução.

No entanto, a abordagem centrada no gene da maioria dos biólogos moleculares tem levado a algumas discordâncias. A chamada evolução neutra, por exemplo, é considerada por muitos biólogos moleculares como um modo importante de evolução, mas é ignorada por naturalistas, porque genes neutros não são visíveis no fenótipo.

A seqüência de pares de bases no genoma fornece uma quantidade enorme de informação sobre o parentesco e a filogenia de organismos. As características-padrão morfológicas, usadas desde o princípio dos estudos filogenéticos, eram por vezes insuficientes para chegar a uma filogenia confiável. Os métodos da biologia molecular forneceram informação abundante, o que permitiu uma reestruturação revolucionária da filogenia de vários grupos de organismos.

A SOLIDEZ DO ATUAL PARADIGMA DARWINIANO

O período que vai dos anos 1940 (síntese evolucionista) até o presente tem sido de grandes avanços em biologia, incluindo o surgimento e a ascensão espetacular da biologia molecular. Seria de esperar que isso tivesse ocasionado uma revisão cabal do darwinismo. Contrariamente à expectativa, nada no gênero aconteceu. O paradigma darwiniano produzido nos anos 1940, durante a síntese evolucionista, foi capaz de resistir sem uma revisão significativa a todos os ataques contra ele dos últimos cinqüenta anos. Isso sugere que se possa acreditar, com cautela, que o paradigma darwiniano adotado durante a síntese evolucionista seja essencialmente válido. A fórmula darwiniana básica — evolução é o resultado de variação genética e de sua discriminação por meio de eliminação e seleção — é abrangente o bastante para dar conta de todas as eventualidades naturais. Buscar uma nova teoria (paradigma) evolucionista parece hoje uma empreitada inútil. Nos últimos cinqüenta anos, ou até mais que isso, a cada ano um novo artigo ou mesmo um livro era publicado em que se postulava um erro ou omissão sérios do darwinismo. O autor propunha uma nova teoria, ou novas teorias, que ele ou ela alegava corrigir esse erro e preencher a lacuna. Infelizmente, nem uma única dessas propostas se revelou construtiva. O já clássico darwinismo era sempre confirmado, e as supostas melhorias e correções, refutadas. Isso sugere que o darwinismo está se acercando da maturidade plena. Existem ainda, obviamente, numerosos enigmas por solucionar, como a função de todo o DNA não codificante, mas não consigo ver em que a solução de qualquer um dos enigmas restantes possa ter um efeito perceptível no paradigma darwiniano básico.

As principais controvérsias em biologia evolucionista, nos anos recentes, tais como a importância da adaptação, o papel do acaso, o pensamento populacional, o gradualismo da evolução, a constância das taxas evolutivas etc. se referem a indivíduos e populações, e não a genes. Mesmo a descoberta de Jacob e Monod de que há diferentes tipos de genes, estruturais e reguladores, não afetou a teoria darwiniana. As duas principais razões da solidez do paradigma darwiniano estão provavelmente no fracasso do reducionismo e na simplicidade do darwinismo básico.

O DARWINISMO DO PRESENTE

Esta foi uma versão extremamente abreviada da história do darwinismo desde 1859 e, sobretudo, a partir da década de 1920. Recentemente publiquei várias narrativas mais detalhadas da história da síntese, com uma discussão dos numerosos erros e imprecisões que assolam os relatos de alguns geneticistas e historiadores (1992, 1993, 1997, 1999a, 1999b, 2001). Em particular, assinalo que alguns historiadores confundiram a síntese fisheriana dos anos 1920 com a síntese dos anos 1940.

Qual nome devemos aplicar à versão do darwinismo desenvolvida nos anos 1940? Erroneamente, ela foi com freqüência chamada de *neodarwinismo*, mas tal escolha é um evidente equívoco. Neodarwinismo é o termo reservado por Romanes, em 1894, ao paradigma darwiniano sem a hereditariedade leve [*soft inheritance*] (isto é, sem a crença na herança de características adquiridas), mas isso vale para todo o darwinismo desde os anos 1920. A nova teoria evolucionista, produto da síntese das teorias dos estudiosos da anagênese e da cladogênese, foi chamada de teoria sintética da evolução. Na realidade, a melhor solução seria chamá-la, simplesmente, de darwinismo. Com efeito, trata-se, em essência, da teoria original de Darwin com uma teoria válida de especiação e sem a hereditariedade leve. Como essa forma de hereditariedade foi refutada mais de cem anos atrás, não pode haver equívoco na retomada do simples termo "darwinismo", porque ele engloba os aspectos essenciais do conceito original de Darwin. Em particular, refere-se à inter-relação entre variação e seleção, o cerne do paradigma de Darwin, e confirma que é melhor referir-se ao paradigma evolucionista, após um longo período de maturação, simplesmente como darwinismo.

8. Seleção

A pedra fundamental do paradigma evolucionista de Darwin foi a teoria da seleção natural. Entre todas as suas teorias, porém, essa foi a última a ser adotada por seguidores. Foram necessários uns oitenta anos antes que fosse plenamente aceita por biólogos, e é certo que mesmo hoje ela ainda encontra uma boa dose de resistência entre leigos, sobretudo os religiosos praticantes. Na realidade, de início havia boas razões para resistência. Mais importante, por um longo tempo houve poucas evidências convincentes para a ocorrência de seleção na natureza. Tais evidências foram desde então fornecidas de maneira abundante, tanto em campo quanto no laboratório (Endler, 1986; Futuyma, 1999). Mas havia também considerável incerteza sobre vários aspectos específicos do processo de seleção.

Não vou apresentar neste capítulo um tratamento completo do tema da seleção natural, pois o fiz bem recentemente em *What evolution is* [O que é evolução] (2001: capítulo 6, pp. 115-46). Em lugar disso, destacarei para tratamento especial vários aspectos da seleção sobre os quais ainda existem incertezas.

O QUE É SELEÇÃO?

Em face das persistentes controvérsias, a partir de 1859, em torno da seleção natural, pareceria muito útil começar com uma definição concisa de seleção, mas isso não pode ser feito, devido aos debates quanto à natureza desse processo. Em 1963, defini seleção natural como "sucesso reprodutivo diferencial" não aleatório. E, mesmo hoje em dia, essa ainda é uma formulação válida, mas ela enfatiza o resultado do processo e não tanto seu mecanismo.

Para Darwin e a maioria de seus seguidores nos sessenta anos subseqüentes, a seleção natural era um processo bem simples. Devido à luta pela existência, havia enorme mortalidade a cada geração, e só os melhores sobreviviam. Felizmente, a natureza fornecia um suprimento quase inesgotável de variação, e por meio da sobrevivência dos melhores ocorria um avanço evolutivo paulatino.

Darwin tomou o termo seleção de empréstimo do vocabulário dos criadores de animais e dos melhoristas de plantas. Mas desconsiderou o fato de que os criadores na realidade empregavam duas abordagens muito diversas para aperfeiçoar seu plantel, e assim também faz a natureza. De acordo com uma dessas abordagens, são selecionados como grupo progenitor da próxima geração aqueles indivíduos que tenham características especiais representativas do ideal visado pelos criadores em seu trabalho de seleção. Eles diriam simplesmente que escolhem "os melhores indivíduos" de seus rebanhos como estoque reprodutor. Era esse método que Darwin aparentemente tinha em vista quando empregou o termo "selecionar".

No entanto, os criadores usam com freqüência, em lugar dele, um método diverso, que chamam de "descarte" [*culling*]. Por esse método, somente os indivíduos de fato inferiores são eliminados, e todos os remanescentes são usados para reprodução. Isso, com certeza, nada tinha de "seleção dos melhores". A natureza emprega os mesmos dois métodos. Num ano de escassez, no que se refere a fatores de sobrevivência, só os melhores indivíduos sobrevivem; todos os outros são eliminados. Num ano mais brando, apenas os piores são descartados e a maioria dos indivíduos sobrevive. No princípio da próxima estação reprodutiva, como resultado dessa sobrevivência incrementada, uma população muito mais diversificada está disponível para a ação da seleção sexual e para contingências da seleção. A existência desse método de descarte foi assinalada cedo por Herbert Spencer, quando chamou a seleção natural de "sobrevivência do mais apto". Ele deveria ter dito "sobrevivência dos mais aptos".* Os sobreviventes são aqueles que restam depois que todos os indivíduos inferiores foram eliminados. Tal processo de eliminação nada tem de "seleção do melhor".

Curiosamente, nunca foi notado que as conseqüências de um processo de eliminação podem ser muito diferentes das de um processo de seleção. Um processo de seleção resulta na sobrevivência dos melhores de verdade, e só restarão relativamente poucos indivíduos que se encaixam nessa qualificação. Num processo de seleção de fato, um pássaro com uma cauda onerosa como a do pavão nunca se destacaria com "o melhor". Em contraste, a eliminação deixaria um percentual muito maior de sobreviventes, num ano mediano, do que seria o caso na seleção apenas dos melhores. Esse grande acervo de sobreviventes fornece amplo material para a seleção sexual e para o acaso, e oferece uma explicação para a aleatoriedade de boa parte da mudança evolutiva. A evolução por eliminação fornece uma explicação muito melhor para o curso real dos eventos durante a evolução do que a "seleção do melhor" da literatura evolucionista clássica. A eliminação do

* Trata-se de um jogo sutil de palavras, de difícil tradução em português: a diferença entre *survival of the fittest* (sobrevivência do mais apto entre todos) e *survival of the fitter* (sobrevivência dos relativamente mais aptos). (N. T.)

que é inferior tem lugar, é óbvio, simultaneamente à seleção do melhor, mas varia de intensidade em situações diversas. A imprevisibilidade de boa parte da evolução, descrita de maneira tão expressiva por Gould em seu *Vida maravilhosa* (*Wonderful life*) (1989), é bem explicada pelo processo de eliminação, mas não poderia ser mantida em caso de restrição à seleção do melhor.

Na realidade, a seleção do melhor e a eliminação dos piores ocorrem de modo simultâneo. Os dois processos também podem ser concebidos como ocorrências paralelas. Além do mais, a seleção natural hoje é encarada como dois processos muito diversos: a seleção natural propriamente dita (seleção de sobrevivência) e a produção diferencial de prole devida à variação na capacidade de lidar com fatores ambientais que não sejam parceiros e seleção sexuais (seleção por sucesso reprodutivo) — especificamente, sucesso na competição por parceiros. Em certos tipos de organismos, tal seleção por sucesso reprodutivo pode ser mais importante que a seleção de sobrevivência.

SELEÇÃO NATURAL, UM PROCESSO DE DUAS ETAPAS

Um resumo feliz do paradigma de Darwin está na frase "variação e seleção". No entanto, desde a publicação de *Origem das espécies* (1859) tem havido controvérsia sobre o que é mais importante: variação ou seleção. Para alguns darwinistas, cada componente do fenótipo era o resultado direto da seleção. Para outros, vários aspectos do fenótipo eram fenômenos ao acaso que ocorreram durante a evolução. Hoje entendemos que esse debate é em grande medida equivocado. Cada etapa do processo evolutivo é afetada tanto pela variação quanto pela seleção.

Uma visão mais equilibrada se forma quando se considera a seleção como um processo em duas etapas, as quais devem ser transpostas, ambas, por todas as populações. A primeira etapa é a produção de variação. Cada objeto potencial de seleção passa por vários processos: mutação, reestruturação de cromossomos na meiose, movimento aleatório de cromossomos até diferentes células-filhas na divisão redutiva e os aspectos aleatórios do encontro dos dois gametas. Nessa primeira etapa, tudo é acaso e aleatoriedade. A segunda etapa da seleção é o destino do novo zigoto, de sua formação até sua reprodução bem-sucedida. Nessa etapa, a seleção é o fator dominante, mesmo com o acaso ainda desempenhando um papel considerável.

Ainda há incerteza sobre a quantidade de variação disponível a cada geração. Na visão clássica, na qual se presume que após um surto de seleção natural apenas os melhores permanecem, há relativamente pouca variação disponível. De acordo com o modelo de eliminação, porém, em que apenas os verdadeiramente inferiores ficam vulneráveis, uma boa quantidade de variação ainda permanece entre os indivíduos menos inferiores. Isso é raramente enfatizado nas discussões sobre seleção natural e significa que, apesar da eliminação, sempre haverá variação abundante, constituída não só daqueles indivíduos verdadeiramente excelentes, mas também, de fato, de todos aqueles que não são tão ruins a ponto de precisarem ser removidos por eliminação. Para chamar a atenção sobre a ocorrência de dois processos em grande medida independentes — a eliminação dos piores e a seleção dos melhores —, eu os descrevi como uma ocorrência seqüencial. Na realidade, os dois processos têm lugar simultaneamente. O importante é o tamanho da geração entre os dois extremos, o melhor e o pior. Quanto maior for essa geração e mais rica a variação, maior será a oportunidade para a seleção de parceiros ("seleção sexual") e para contingências. Nenhum pavão com sua cauda onerosa poderia ter evoluído se sempre fossem selecionados apenas aqueles pavões "melhores" para sobreviver. No entanto, um processo de eliminação suave tornaria disponível um grande reservatório de variação, dando à geração seguinte uma oferta muito mais rica de variantes que a "seleção do melhor". Os opositores do darwinismo sempre puseram em dúvida o fato de a seleção ter tolerado tantas e tão aberrantes tendências evolutivas. Com efeito, elas não teriam tido chance alguma sob o princípio da "seleção do melhor". No entanto, sob o conceito mais tolerante de eliminação, um largo espectro de fenótipos, variável em suas capacidades de lidar com as contingências do ambiente, ainda está disponível (desde que não sejam tão ruins a ponto de precisarem ser removidos por eliminação). Numa situação assim, o acaso teria um papel particularmente importante na decisão sobre os afortunados que produziram a geração seguinte. Cabe lembrar, ainda, que fenótipos são o objeto de seleção, e não genes isolados.

Alguns entusiastas defenderam que a seleção natural poderia produzir qualquer coisa. Isso não é verdade. As opções para seleção são um tanto limitadas. Darwin não estava certo quando alegou que "a seleção natural, onde quer que ocorra, está passando por seu crivo, dia a dia e a cada hora que passa, toda variação surgida, mesmo a mais insignificante"* (1859: 84). Na realidade, a seleção é bastante liberal no que torna disponível para a seleção sexual e o acaso. Assim, mesmo alguns indivíduos mais aberrantes podem se tornar progenitores de novas linhagens evolutivas. Esse é um ponto que Gould (1989) enfatizou com razão. Além do mais, a manutenção de perfeita adaptação numa população pode ser impedida por numerosas restrições (ver Mayr, 2001: 140-3). É preciso entender que, em todos os casos, a seleção natural é um fenômeno populacional que lida com indivíduos. Toda interpretação tipológica é um erro.

* Segundo a tradução de Eugênio Amado . (N. T.)

SELEÇÃO PARA SUCESSO REPRODUTIVO

Quando se fala de seleção natural, involuntariamente sempre pensamos na luta pela existência. Pensamos em fatores que favorecem a sobrevivência, tais como a capacidade de enfrentar condições adversas de tempo, de escapar de inimigos, de se livrar melhor de parasitas e patógenos e de obter sucesso na competição por alimento e abrigo — em poucas palavras, de ter alguma propriedade que incrementaria as chances de sobrevivência. Essa "seleção de sobrevivência" é o que a maioria das pessoas tem em mente quando fala de seleção natural. Darwin, porém, viu de forma muito clara que havia outros fatores a aumentar a probabilidade de deixar descendentes. Tais fatores podem ser reunidos sob a expressão "seleção para sucesso reprodutivo envolvendo competição por parceiros". Entre esses fatores que Darwin destacou para atenção especial estão características que afetam o sucesso na competição por parceiros, seja por meio do combate de macho com macho ou por meio da escolha da fêmea. Ele combinou esses dois modos de seleção de parceiro sob o nome "seleção sexual". Um indicador de quanto esse processo era considerado importante por Darwin é o fato de lhe ter dedicado dois terços de *The descent of man* [A origem do homem] (1871).

Do tempo de Darwin para cá tem ficado claro que a seleção sexual é somente um fenômeno em meio a um domínio muito mais amplo de fenômenos, e que, em lugar de seleção sexual, essas atividades são mais bem descritas como "seleção para sucesso reprodutivo em competição direta com integrantes da mesma espécie". Essa inclui também fenômenos como o conflito entre pais e prole, rivalidade fraterna, investimento parental desigual, taxas de divisão desigual em procariotos e a maioria dos fenômenos estudados pela sociobiologia. Diferentemente da seleção de sobrevivência, a seleção genuína está envolvida em todo tipo de seleção para sucesso reprodutivo. Estudos recentes (Carson, 2002) mostraram que a escolha da fêmea pode ser importante mesmo na seleção habitual de parceiro em drosófilas e, presumivelmente, também em muitas outras espécies. Considerando os vários novos casos de seleção para sucesso reprodutivo descobertos ano após ano, começo a me perguntar se esse processo não é ainda mais importante que a seleção de sobrevivência, ao menos em certos organismos superiores. Curiosamente, fatores que contribuem para o sucesso reprodutivo foram em grande medida negligenciados por evolucionistas até por volta de 1970. Naquele momento, os naturalistas redescobriram a importante constatação de Darwin (1871) de que fêmeas podem ter um papel decisivo na escolha de seus parceiros. Isso favorece a evolução de características masculinas atrativas para as fêmeas.

Além disso, particularmente como resultado do estudo de himenópteros sociais (formigas, abelhas), mostrou-se como são vários os fatores de história de vida que favorecem a seleção para sucesso reprodutivo. E isso levou ao desenvolvimento de um ramo florescente da biologia, a *sociobiologia* (Wilson, 1975). Como assinalou pioneiramente J. B. S. Haldane, o comportamento altruísta em relação a parentes próximos será favorecido por esse tipo de seleção (*seleção por parentesco* [*kin selection*]), o que explica a existência de castas estéreis entre os himenópteros sociais (Hamilton, 1964).

NÍVEIS DE SELEÇÃO

Uma das questões mais básicas da biologia evolucionista diz respeito a quais objetos são selecionados no processo de seleção natural. Lloyd (1992) encontrou cerca de duzentas referências a livros e artigos de biólogos e filósofos, começando por Darwin, que tratavam da questão, "e elas representam apenas uma fração da literatura sobre o tópico", relatou. Com efeito, na literatura recente pelo menos meia dúzia de autores, a cada ano, tem defendido sua resposta para a questão. [Esta análise não é um artigo de revisão. A compilação de literatura, portanto, está reduzida ao mínimo. Outros títulos relevantes podem ser encontrados nas obras de Lloyd (1992) e Brandon (1990).] A análise dessa literatura me convenceu de que as causas principais da controvérsia sobre essa matéria são algumas diferenças conceituais básicas, assim como a incapacidade do opositor de ater-se a uma definição rigorosa de termos. É evidente a necessidade de uma abordagem que faça uma crítica cuidadosa dos argumentos dos partidos opostos. Isso é o que tentarei fazer aqui.

OS OBJETOS DE SELEÇÃO

A dificuldade começa com a descrição exata do processo de seleção. Depois de ter descoberto seu novo princípio, Darwin buscou uma terminologia apropriada e pensou tê-la encontrado com o termo "seleção" (1859), que os criadores de animais usavam para a escolha de seu estoque reprodutor. No entanto, como Herbert Spencer e depois Alfred Russel Wallace o alertaram, não existe na natureza um agente, que, como os criadores, "selecione o melhor de todos". Em lugar disso, os beneficiários da seleção são os indivíduos que restam depois que os menos aptos foram eliminados. A seleção natural, portanto, é um processo de "eliminação não aleatória". A frase de Spencer, "sobrevivência do mais apto", foi de todo legítima, desde que o termo "mais apto" seja apropriadamente definido (Mayr, 1963: 199) como sucesso reprodutivo.

Mesmo que a maioria dos evolucionistas hoje concorde que o organismo individual é o principal objeto da seleção, ainda há considerável discussão sobre a validade de aceitar objetos adicionais de seleção. Alguns anos atrás, tentei relacionar todos os termos usados por vários autores (Mayr, 1997); apresento aqui uma versão revisada dessa lista.

O gene

A redescoberta da obra de Mendel em 1900 levou os geneticistas, por conveniência matemática, a substituir paulatinamente o indivíduo pelo gene como objeto de seleção. Em 1930, esse era o ponto de vista padrão entre geneticistas, particularmente os geneticistas populacionais matemáticos. Foi nesse período que se tornou popular a definição: "evolução é a mudança de freqüências gênicas em populações". Para os naturalistas, contudo, o objeto de seleção continuava a ser o indivíduo. Mas, mesmo entre os geneticistas, dúvidas começaram a ser exteriorizadas nos anos 1940 e 1950. Um grupo de geneticistas populacionais holistas, que incluía Lerner (1954), Mather (1943) e Wallace et al. (1953), começou a enfatizar a coesão do genótipo. Eu mesmo ataquei o reducionismo da "genética de feijõezinhos"* (Mayr, 1959) e afirmei de modo incisivo que o alvo da seleção era o fenótipo (Mayr, 1963: 279-96). Porém a substituição do gene pelo indivíduo, entre geneticistas, foi um processo lento.

A idéia do gene como o alvo da seleção ainda era de ampla aceitação mesmo em 1970 — por exemplo, por Lewontin. Porém, no final, ela foi duramente atacada (Wimsatt, 1980; Sober e Lewontin, 1982), com os críticos assinalando que "genes nus", "não sendo objetos independentes" (Mayr, 1976), não estão "visíveis" para seleção e portanto nunca poderiam servir como alvo. Além do mais, um mesmo gene — por exemplo, o gene da anemia falci-

* *Bean bag genetics*, imagem famosa que comparava pejorativamente o acervo (*pool*) genético com um saquinho de feijões (genes). (N. T.)

forme humana — pode ser benéfico numa condição de heterozigoto (nas áreas de *Plasmodium falciparum*) e deletério, ou mesmo letal, no estado de homozigoto.* Vários genes têm valores adaptativos diferentes conforme o genótipo em que se encontram. O selecionismo gênico também é invalidado pela pleiotropia de muitos genes e a interação de genes que controlam componentes poligênicos do fenótipo. Em certa ocasião, o próprio Dawkins (1982: ponto 7) admitiu que o gene não é um objeto de seleção: "replicadores genéticos não são selecionados diretamente, mas substitutivamente [...] [por] seus efeitos fenotípicos". Exato! Tampouco são as combinações de genes — cromossomos, por exemplo — objetos independentes de seleção; somente seus portadores o são.

O gameta

Como só uma pequena fração de todos os óvulos é fertilizada e apenas uma fração infinitesimal dos gametas masculinos consegue fertilizar óvulos, gametas são uma categoria de entidades potencialmente sujeitas a seleção intensa, mas é difícil medir sua aptidão. Gametas têm dois conjuntos de características. Um consiste nos atributos do gameta para facilitar a fertilização. Evidentemente, as capacidades de nadar rápido, de localizar óvulos não fertilizados e de penetrar a membrana do óvulo são as propriedades dos espermatozóides mais importantes para alcançar o sucesso. Grande parte da pesquisa experimental sobre tais propriedades tem sido realizada nos anos recentes. No entanto, essas propriedades fenotípicas dos espermatozóides são presumivelmente

* Ou seja, quando a pessoa tem apenas uma cópia (heterozigoto) da versão do gene associada com essa forma de anemia, desenvolve uma forma mais branda da moléstia, mas ganha, em contrapartida, certa proteção contra malária; quando possui duas cópias (homozigoto) da versão alterada, desenvolve uma forma muito mais grave. (N. T.)

produzidas no testículo paterno e parecem partir do fenótipo ampliado do progenitor masculino. Nada têm a ver com o genoma haplóide dos gametas, os quais, tanto quanto podemos dizer, não tem influência alguma na capacidade de fertilização desses gametas. Em alguns organismos, os gametas (por exemplo, grãos de pólen em plantas e, em organismos aquáticos, gametas que nadam livremente) parecem ter propriedades específicas que influenciam o sucesso de acasalamento. Em alguns organismos, o trato reprodutivo da fêmea tem influência importante no destino do material ejaculado (Eberhard, 1996).

O organismo individual

Desde Darwin até os dias de hoje, a maioria dos evolucionistas (Lloyd, 1992) tem considerado o organismo individual como principal objeto de seleção. Na realidade, o fenótipo é a parte do organismo que está "visível" para a seleção (Mayr, 1963: 184, 189). Todo genótipo, ao interagir com o ambiente, produz uma gama de fenótipos que Woltereck (1909) chamou de "norma de reação". Portanto, quando um evolucionista afirma que o "genoma é um programa que dirige o desenvolvimento", seria errado entendê-lo de um modo determinista. O desenvolvimento do fenótipo envolve muitos processos estocásticos e ambientais, que excluem uma relação unívoca entre genótipo e fenótipo. É por isso, obviamente, que devemos aceitar o fenótipo como objeto de seleção, e não o genótipo.

Expressões fenotípicas diversas do mesmo genótipo podem diferir consideravelmente em seu valor adaptativo. O que está visível para seleção é o fenótipo que se segrega do genótipo subjacente (Brandon, 1990). O termo "fenótipo" se refere não só a características estruturais, mas também às comportamentais e aos produtos desse comportamento, como os ninhos dos pássaros e das aranhas. Dawkins (1982: ponto 7) introduziu, para tais características, o termo muito útil de "fenótipo ampliado" [*extended phenotype*]. No entanto, tais comportamentos peculiares de espécie estão programados no sistema neural desses indivíduos e, assim, não diferem em princípio dos aspectos morfológicos do fenótipo.

Nesta exposição, quando uso o termo "indivíduo", sempre me refiro ao que a palavra "indivíduo" significa na linguagem diária — isto é, o organismo individual. Filósofos também aplicaram o termo "indivíduo" a "particulares" como espécies, mas evitei essa designação porque ela é propícia a causar confusão.

O objeto de seleção: indivíduo ou gene?

A genética não existia em 1859, quando Darwin publicou *Origem das espécies.* Para ele, o indivíduo era, obviamente, o objeto de seleção, e assim foi para a maioria dos darwinistas até a ascensão da genética. A maioria dos geneticistas adotou então o gene como alvo da seleção, ao passo que, para a maioria dos taxonomistas e naturalistas, o alvo permanecia sendo o indivíduo. No curso da síntese evolucionista dos anos 1940, os dois grupos obtiveram um consenso abrangente, mas, curiosamente, uma diferença importante permaneceu: a maior parte dos geneticistas ainda considerava o gene como objeto de seleção, enquanto para os naturalistas o objeto continuava a ser o indivíduo. No entanto, nos anos 1960 e 1970, um número cada vez maior de geneticistas se deu conta de que o gene isolado não é visível para a seleção e de que a fórmula "evolução é a mudança de freqüências gênicas" era um tanto equivocada (Mayr, 1977). Quando chegaram os anos 1980, a maioria dos geneticistas havia realizado a transição (Sober, 1984) e a maioria dos evolucionistas aprendera que é preciso distinguir as duas questões, "seleção de?" e "seleção para?" (ver a seguir).

Quando Williams (1966) rejeitou a seleção de grupo, poderia

ter escolhido em seu lugar tanto o indivíduo quanto o gene como objeto de seleção. Mesmo com a maioria dos evolucionistas tendo talvez retornado, na época, à escolha de Darwin pelo indivíduo, Williams preferiu o gene ("alelos alternativos em populações mendelianas") (p. 3). Ele não estava desatento para o significado do indivíduo: "Podemos afirmar com segurança que indivíduos caracterizados por rapidez, resistência a doença, acuidade sensorial e fertilidade são mais aptos do que aqueles com menos rapidez, menos resistência etc." (p. 102). Mas ele também diz: "Não podemos medir aptidão com base em sucesso evolutivo numa escala individual" (p. 102).

A preferência de Williams pelo gene como principal objeto de seleção foi adotada por muitos evolucionistas, mais entusiasticamente por Dawkins, em particular no seu *O gene egoísta* (*The selfish gene*, 1976). Apesar disso, com exceção de Dawkins e alguns poucos de seus seguidores, a rejeição do gene como o objeto de seleção por geneticistas já era então essencialmente completa.

É evidente que uma razão importante para a preferência de Williams pelo gene, e não pelo indivíduo, estava na estabilidade do primeiro. Ele insiste que "só o gene é estável o bastante para ser eficazmente selecionado" (p. 109). Obviamente não conseguiu perceber que a freqüência de um gene em uma população pode aumentar de modo contínuo, a despeito do número de recombinações que ele enfrentar em vários genótipos no transcurso de sucessivas gerações. O princípio mendeliano da hereditariedade particulada permite que um gene não seja afetado pela recombinação. Não existe hereditariedade com mescla [*blending inheritance*].

Seleção por parentesco

Haldane foi o primeiro evolucionista a assinalar que seria significativa a seleção de parentes que compartilham uma parcela de seu genótipo. Esse tipo de seleção é chamado de *seleção por parentesco*. É evidente, por certo, nas relações entre progenitor (mãe) e prole, mas, como enfatizou Haldane, é também verdadeira, em princípio, para parentes mais distantes. Nesses casos, seleção por parentesco e seleção por grupo social se sobrepõem e são difíceis de discriminar. A maior parte da seleção por parentesco é também, simultaneamente, seleção por grupo social. Membros de ambos os grupos se conhecem desde o nascimento e estão acostumados à ajuda mútua. Não há como dividi-las em um componente de seleção por parentesco e outro de seleção por grupo social. Com relação a outros problemas da seleção por parentesco, ver Mayr (2001: 132, 257).

Seleção de grupo

Existe uma longa e ácida controvérsia sobre a questão de grupos, como totalidades coesas, poderem servir como alvos de seleção. A resposta é: "depende". Existem tipos muito diversos de reuniões de indivíduos ("grupos"), alguns dos quais se qualificam, e outros não, como alvos de seleção. Em certo momento classifiquei grupos com base em tamanho e relacionamento geográfico (Mayr, 1986), mas essa não se revelou uma abordagem produtiva. Há, no entanto, uma outra abordagem que em geral produz resultados bem definidos. É óbvio que um grupo, cujo valor seletivo (quando em isolamento) é simplesmente a média aritmética de valores de aptidão dos indivíduos que o compõem, não é um alvo de seleção. Se tal grupo for particularmente bem-sucedido, será devido à aptidão superior dos indivíduos que o compõem. Esse tipo de grupo foi com freqüência incluído em teorias de seleção de grupo. No entanto, essa falsa seleção de grupo, ou "suave", não é de maneira nenhuma seleção de grupo. A aptidão de um grupo desses é a média aritmética da aptidão dos indivíduos que o compõem.

Em contraste, se a aptidão de um grupo for maior ou menor que a média aritmética dos valores de aptidão dos indivíduos que o compõem, devido à interação entre indivíduos ou à divisão do trabalho e outras ações sociais, então o grupo como um todo pode servir como um objeto de seleção. Chamo isso de *seleção de grupo* [em sentido] *forte* [*hard group selection*]. É interessante que isso já houvesse sido considerado por Darwin numa discussão sobre grupos de seres humanos primitivos (Darwin, 1871). Essa seleção de grupo forte, um pré-requisito para a explicação da ética humana, ainda é controversa (Sober e Wilson, 1998).

Às vezes é difícil concluir se o sucesso de um grupo particular se deve à seleção de grupo suave ou forte. No entanto, quando um grupo de esquilos rasteiros é particularmente bem-sucedido por ter um sistema eficiente de sentinelas para alertar o grupo da aproximação de predadores, trata-se sem dúvida de seleção de grupo forte. Também é esse o caso quando um grupo de leoas se divide para bloquear as rotas de escape de uma vítima pretendida. O sucesso dos ataques de surpresa de chimpanzés a membros de grupos vizinhos depende da estratégia bem organizada dos atacantes. Em todos esses casos, o grupo bem-sucedido atua como uma unidade e é, como um todo, a entidade favorecida pela seleção. Tais grupos com freqüência consistem em parentes próximos, e tal seleção é de fato feita por parentesco, que é na realidade seleção individual.

Nenhum outro objeto potencial de seleção foi alvo de tanta discussão quanto o grupo. Da síntese até os anos 1960 não havia evolucionista que defendesse a seleção de grupo. Ela não foi apoiada, nem mesmo mencionada, seja por Dobzhansky, seja em meu texto de larga utilização (Mayr, 1963). Não está relacionada no índice remissivo de nenhum dos dois volumes. Não consigo encontrar uma adoção sincera da seleção de grupo em nenhuma publicação de biologia evolucionista contemporânea. A seleção de grupo só é defendida em algumas obras de biologia comportamental e ecologia. Konrad Lorenz afirmou com freqüência que este ou aquele traço fora favorecido pela evolução "pelo bem da espécie". Os ecólogos também tenderam para o pensamento tipológico, e se encontram freqüentemente referências na literatura ecológica (Allee, Emerson, Brereton etc.) que equivalem a um apoio à seleção de grupo. Essas afirmações foram em geral ignoradas na literatura evolucionista. Se bem que isso mudou um pouco quando Wynne-Edwards publicou, em 1962, uma defesa vigorosa da seleção de grupo. Ele alegava que em animais, particularmente aves e em especial os lagópodes,* muitas características de sua história natural haviam sido adquiridas por seleção de grupo. Essa alegação foi logo refutada, com vigor e ponto por ponto, numa estupenda análise de David Lack (1966).

Lack não foi o único a rejeitar a tese da seleção de grupo. G. C. Williams dedicou um livro inteiro (*Adaptation and natural selection* [Adaptação e seleção natural], 1966) a esse propósito. Ele destacou para um exame especial (pp. 239-49) as alegações feitas por Wynne-Edwards. Ao lado da refutação de Lack, foi o fim de suas alegações infundadas. A refutação da seleção de grupo por Williams foi considerada definitiva e aceita nos 35 anos seguintes como a base da maioria das discussões sobre o problema da seleção de grupo. Infelizmente, no entanto, sua argumentação continha falhas sérias, em vários e importantes aspectos.

Ao que tudo indica, Williams teve alguma dificuldade para definir o termo "grupo". Chegou por fim à conclusão de que o grupo, para qualificar-se como objeto de seleção, deve ter *adaptação biótica*. Indivíduos têm adaptações orgânicas, mas Williams cunhou o termo "adaptação biótica" para aquelas adaptações pre-

* *Red grouse*: aves galináceas selvagens do Norte da Europa, como *Lagopus lagopus*. (N. T.)

sumidas em grupos que os qualificam a servir como objetos de seleção. Dedica os capítulos de 5 a 8 em seu livro (pp. 125-250) a testar uma adaptação biótica possível atrás da outra para determinar se recairiam sob tal definição, concluindo que nenhuma das supostas adaptações bióticas se qualifica e, portanto, que a seleção de grupo não ocorre. Mas a definição de Williams para adaptação biótica exclui numerosos grupos hoje tidos como legítimos objetos de seleção natural. A presença de adaptações bióticas, assim, não constituiu uma classificação adequada.

Mas qual outro critério poderia então ser usado adequadamente? Retornando a Darwin (1871), afinal descobri que havia de fato um critério para distinguir entre grupos que são objetos potenciais de seleção e os que não são (Mayr, 1990). Chamei-os de *grupos casuais* e *grupos sociais*. Grupos casuais, como está indicado pelo nome, são associações acidentais de indivíduos, tal como na maioria dos bandos de estorninhos e dos cardumes de peixes. Sua composição pode mudar de uma hora para outra, e o valor médio de aptidão do grupo casual equivale à média aritmética do valor de aptidão dos membros do grupo. Se um rebanho de cinco cervos consiste em três animais lentos e dois rápidos, o valor de aptidão do rebanho mudaria drasticamente se predadores matassem os três lentos. Grupos casuais, em si, nunca são objeto de seleção. Os indivíduos dos quais eles se compõem, no entanto, o são.

Grupos sociais podem ter um valor de aptidão que excede a média aritmética dos valores de seus membros. A coesão social de um grupo desses resulta em toda sorte de cooperação que incremente sua aptidão ao interagir com grupos competidores. A maioria dos grupos sociais tem uma família como núcleo, ao qual podem ser acrescentados parentes mais distantes, tais como netos, primos, sobrinhos, sobrinhas, tios, tias etc. Todos eles se conhecem desde o nascimento e foram criados no espírito de ajuda recíproca, o que inclui lutar juntos contra forasteiros, compartilhar a descoberta de novas fontes de alimento e água, defesa conjunta de abrigos e territórios e atividades cooperativas similares. Um grupo social assim coeso tem um valor de aptidão que excede consideravelmente a média aritmética de valores de aptidão de seus membros individuais. Darwin (1871), com sua intuição impecável, viu isso claramente, e o mesmo fizeram outros autores depois dele. Williams (p. 116) cita palavras de Ashley Montague: "Começamos a entender então que a evolução é um processo que favorece grupos que cooperam, e não os que não cooperam, e que 'aptidão' é uma função do grupo como um todo, e não [de] indivíduos separados". Mas Williams curiosamente se recusou a aceitar isso como um caso de seleção de grupo, porque atribuía o sucesso de tais grupos altruístas tão-só às características de indivíduos (p. 117). A incapacidade de Williams de considerar que grupos sociais possam ter um valor de aptidão inteiramente diferente do de grupos casuais resultou em considerável confusão na literatura evolucionista.

A longa análise de Williams foi incapaz de demonstrar que não ocorre a seleção de grupos sociais. Nas pp. 239-49, ele rebate de modo bastante eficaz as alegações feitas por Wynne-Edwards (1962) em favor da seleção de grupo para grupos casuais, mas falha na demonstração de que não ocorre seleção de grupo sob circunstâncias diferentes. Isso o levou, porém, a uma rejeição total da seleção de grupo. Tal rejeição foi de início aceita amplamente, mas ao longo dos últimos 35 anos um número crescente de autores reconheceu o potencial de grupos sociais para seleção de grupo. Como assinalou Darwin, sua existência é de grande importância para o desenvolvimento do altruísmo intragrupal. A conclusão final, amplamente aceita em biologia evolucionista, é que os grupos casuais nunca são objeto de seleção, mas grupos sociais, como unidades coesas, podem de fato ser alvo de seleção. Para se qualificar como objeto potencial de seleção, um grupo social precisa estar claramente delimitado e competir com outros desses grupos sociais.

Borrello (2003) tentou recentemente restabelecer a validade dos argumentos de Williams. No entanto, sua tentativa não teve sucesso porque Borrello cometeu os mesmos erros. Ele não se deu conta de que há diferentes tipos de grupos, alguns dos quais podem ser objetos legítimos de seleção natural (grupos sociais), enquanto outros decididamente não podem (grupos casuais).

Seleção em níveis superiores

Tem havido também muito debate sobre a existência, ou não, de um fenômeno como a seleção de espécies. No primeiro período pós-darwiniano, quando o pensamento sobre seleção era um tanto confuso, dizia-se com freqüência que tal ou qual característica havia evoluído por ser "bom para a espécie", o que era muito equivocado. A característica selecionada havia sido favorecida por beneficiar certos indivíduos da espécie e, gradualmente, se espalhara para todos os outros. A espécie, como entidade, não responde à seleção.

A seleção que afeta ao mesmo tempo diferentes níveis na hierarquia das entidades em evolução tem sido chamada de seleção multinível. Na maioria dos casos, uma espécie sai vitoriosa na luta pela existência entre duas espécies competidoras, mas a seleção real tem lugar no nível dos indivíduos de que se compõem as populações das duas espécies. Como competidores pelo mesmo recurso, eles agem como se fossem membros da população de uma única espécie, e membros da espécie inferior serão preferencialmente eliminados. Mesmo nesses casos de aparente seleção de espécies, indivíduos são o alvo primário de seleção. Se o objeto de seleção, por exemplo indivíduo e espécie, pertence simultaneamente a dois níveis diferentes de categoria, fala-se em "níveis de seleção".

Não existe dúvida, obviamente, de que uma espécie possa causar a extinção de outra. A introdução da perca-do-nilo no lago Vitória, na África, resultou na extinção de várias centenas de espécies endêmicas de peixes ciclídeos. Um tipo parasítico de pássaro-preto [*parasitic cowbird*] quase exterminou o canário de Kirtland do Norte de Michigan, até que medidas drásticas de erradicação do pássaro-preto fossem adotadas na área de reprodução do canário de Kirtland. Darwin descreveu em 1859 o extermínio de muitas espécies nativas de animais e plantas da Nova Zelândia como resultado da introdução de espécies competidoras da Inglaterra. De modo algum os competidores eram sempre parentes próximos. Apesar de todos esses exemplos, hesito em usar o termo "seleção de espécie" e prefiro chamar tais eventos de *rotação de espécies* [*species turnover*] ou de *substituição de espécies* [*species replacement*], porque a seleção real tem lugar no plano dos indivíduos em competição das duas espécies. É a seleção individual atuando discriminadamente contra os indivíduos da espécie perdedora que causa a extinção. O resultado, no entanto, é a sobrevivência de uma das duas espécies e a extinção da outra.

Alguns autores também sugeriram reconhecer níveis ainda mais altos de seleção, tais como seleção de família ou de clado, mas em nenhuma hipótese essas entidades são objetos de seleção. Seleção, nesses casos, sempre tem lugar no nível dos indivíduos. No entanto, a mãe original de um novo clado pode legar genes que afetem a aptidão de todos os indivíduos desse clado. Alguns autores gostam de se referir a tais casos como seleção de clado.

TERMOS PARA OS OBJETOS DE SELEÇÃO

Um certo número de termos foi sugerido para designar a entidade favorecida pela seleção, mas todos eles, como mostrarei, são equívocos e sobrecarregados pelo sentido enganador de seu uso cotidiano anterior.

Unidade de seleção

Esse termo foi introduzido em 1970 por Lewontin para designar o objeto de seleção. Em ciência, assim como na vida do dia-a-dia, o termo "unidade" geralmente significa alguma quantidade mensurável. Temos unidades de comprimento, de peso e de tempo, assim como temos unidades elétricas como volt, watt, ohm etc. Claramente, unidade de seleção não se refere a esse tipo de unidade. Em algumas ocasiões, também usamos a palavra "unidade" para entidades concretas — por exemplo: "O presidente enviou várias unidades de fuzileiros navais para a área dos distúrbios". O termo "unidade" de seleção foi adotado por muitos autores, mas muitos outros o consideraram tão inapropriado que introduziram novos termos. Devido a essa ambigüidade, o termo "unidade" tem sido usado de maneira cada vez menos freqüente nos anos recentes, e "objeto de seleção" é usado em seu lugar.

Replicador

Dawkins, o autor do termo, afirma: "Podemos definir replicador como toda entidade no universo que interage com seu mundo, incluindo outros replicadores, de modo a que cópias de si mesmo sejam feitas" (Dawkins, 1978). Ele também afirma que "a molécula de DNA é o replicador óbvio". Em outras palavras, "seleção de replicador" é essencialmente uma nova expressão para "seleção de gene". Uma das vantagens de seu termo, diz Dawkins, é que ele automaticamente pré-adapta nossa linguagem para lidar "com formas não-DNA de evolução, como as que poderemos encontrar em outros planetas". Isso me soa como uma desculpa um tanto curiosa para introduzir um novo termo em ciência. Com o fenótipo do indivíduo, e não o gene, como alvo da seleção, o termo "replicador" se torna irrelevante. O termo está, é óbvio, em completo desacordo com o pensamento darwiniano básico. O importante em seleção é a produção abundante de novos fenótipos para permitir que a espécie acompanhe possíveis mudanças no ambiente, o que se faz possível por meio de meiose e reprodução sexual. A replicação de DNA nada tem a ver com isso. É certo que a descoberta de Mendel da constância dos genes, confirmada por todo o trabalho subseqüente em genética e biologia molecular, é um modo muito eficiente de obter mudança evolutiva rápida e não ambígua, e ela refutou a herança de características adquiridas. Mas tal constância não é necessária para a seleção, porque a aceitação por Darwin da herança de características adquiridas e um efeito do ambiente eram compatíveis com a seleção natural. Ele não exigiu constância completa do material genético. Como o gene não é objeto de seleção (não existem genes nus), toda ênfase na replicação precisa é irrelevante. Evolução não é uma mudança nas freqüências de genes, como é costume se afirmar, mas uma mudança de fenótipos, em particular a manutenção (ou a melhoria) da adaptação e a origem da diversidade. Mudanças na freqüência de genes são o resultado de tal evolução, não sua causa. A noção de seleção de gene é um caso típico de redução para além do nível em que a análise é útil.

Veículo

Em boa hora Dawkins (1978) percebeu que o organismo individual que se reproduz tinha, sim, um papel no processo de seleção. Mas, como era um selecionista genético, encarou esse papel apenas como a função de mecanismo de transporte para genes. Assim, introduziu o termo "veículo" para indivíduos. Ao fazê-lo, deixou escapar o ponto decisivo de que o fenótipo é muito mais que um veículo para o genótipo. O termo "veículo" não consegue de forma alguma captar a importância do fenótipo no processo de seleção.

Interagente [interactor]

Hull (1980) percebeu a inadequação do termo "veículo" por considerar que o objeto de seleção interage "como um todo coeso com seu ambiente". Para enfatizar essa interação ele propôs o termo "interagente", "como uma entidade que interage diretamente como um todo coeso com seu ambiente, de tal modo que a replicação [ele se referia à reprodução] é diferencial". O termo "interagente" tem várias deficiências. Uma é a ênfase na constância durante a replicação, ao lado da omissão de qualquer referência à produção de variação durante a meiose e a reprodução. Mais sério é o fato de que "interagente" não é um termo específico para objeto de seleção. Toda célula é um interagente; todo órgão de um organismo interage com outros órgãos, espécies interagem, e o mesmo fazem classes de indivíduos, como os dois sexos. Além disso, a interação não é comum durante o processo de eliminação que resulta na seleção natural. Em biologia, a interação é muito mais pertinente para a biologia funcional do que para a evolucionista. Quando se ouve a palavra "interagente", o primeiro pensamento que vem à mente nunca é a seleção natural.

Alvo da seleção

Por muitos anos usei o termo "alvo de seleção" em lugar de "objeto de seleção". Quanto mais eu percebia, no entanto, que a seleção natural é em geral um processo predominantemente de eliminação, mais me dava conta de que os indivíduos eliminados eram o alvo real do processo de seleção e de que era um tanto equivocado chamar os que restavam de alvos de seleção. Era necessário um termo mais específico.

Meme

Dawkins (1982) introduziu o termo "meme" para entidades sujeitas a seleção na evolução cultural. Parece-me que essa palavra não é mais que um sinônimo desnecessário para o termo "conceito". Aparentemente, Dawkins apreciava a palavra "meme" devido à sua similaridade com a palavra "gene". Ele não menciona nada, seja em sua definição, seja nos exemplos para ilustrar o que sejam memes, que possa distingui-los de conceitos. Conceitos não estão restritos a um indivíduo ou a uma geração e podem persistir por longos períodos. Eles são capazes de evoluir.

Seleção de e seleção para

As duas questões mais importantes que podem ser levantadas sobre seleção talvez sejam "seleção de?" e "seleção para?", como assinalou Sober com perspicácia. A questão "seleção de?" tenta descobrir qual é a entidade particular selecionada — em outras palavras: que entidade tem uma probabilidade maior de sobrevivência para se reproduzir e se reproduzir com sucesso? Nenhum dos termos discutidos nas páginas precedentes parecia particularmente adequado a esse propósito. Assim, o termo "objeto de seleção" ainda aparentava ser a designação mais apropriada e, de fato, é a mais usada nos dias de hoje.

Um traço que contribui para a aptidão de um objeto de seleção pode estar em quase todos os níveis de organização biológica, dos pares de base até a espécie. Com muita freqüência é um gene particular. Mas tal gene, sendo parte de um genótipo, não é um objeto independente de seleção. Isso tem sido amiúde confundido na discussão desse assunto.

O STATUS ATUAL DA SELEÇÃO NATURAL

A teoria da seleção natural de Darwin se tornou totalmente vitoriosa depois da completa refutação da tipologia e da teleologia. Porém, como mostrei, ela foi um tanto modificada desde a teoria original de Darwin. O conflito implícito entre seleção natural e variação aleatória, que dominou a controvérsia entre Dawkins e Gould, pode agora ser encarado como um processo cooperativo. Nenhuma seleção pode ter lugar sem variação, e a variação não tem sentido sem seleção subseqüente (eliminação). O aparente antagonismo entre variação e seleção pode agora ser interpretado como um processo construtivo. Seleção não é estritamente seleção do melhor, mas em grande parte uma eliminação dos membros inferiores da população. Isso explica o surgimento algo inesperado de novos desenvolvimentos evolutivos, dando origem a novidades evolutivas.

Além do mais, a seleção natural é vista hoje como dois processos muito diferentes: seleção natural propriamente dita (seleção por sobrevivência) e seleção sexual (seleção por sucesso reprodutivo). Em algumas populações ou alguns períodos de vida, a seleção sexual pode ser mais importante do que a seleção por sobrevivência.

9. As revoluções científicas de Thomas Kuhn acontecem mesmo?*

De acordo com a tese clássica de Thomas Kuhn (1962), a ciência avança por meio de revoluções científicas ocasionais, separadas por longos períodos de "ciência normal". No curso de uma revolução científica, uma disciplina adota um "paradigma" inteiramente novo, que domina o período subseqüente de ciência normal. O conceito-chave na discussão de revoluções científicas por Kuhn é a ocorrência de mudanças de paradigma. Um dos críticos de Kuhn asseverou que ele usou o termo "paradigma" no mínimo de vinte maneiras diferentes na primeira edição de seu livro. Para o mais importante deles, Kuhn introduziu mais tarde o termo "matriz disciplinar". Uma matriz disciplinar (paradigma) é mais que uma nova teoria; de acordo com Kuhn, é um sistema de crenças, valores e generalizações simbólicas. Há uma grande similaridade entre a matriz disciplinar de Kuhn e termos de outros filósofos, como "tradição de pesquisa".

Revoluções (mudanças de paradigmas) e períodos de ciência

* Anteriormente publicado [Mayr (1994)].

normal são apenas dois dos aspectos da teoria de Kuhn. Outro é a alegada incomensurabilidade entre o velho e o novo paradigma. Hoyningen-Huene (1993) apresentou uma excelente análise das visões de Kuhn, incluindo várias mudanças depois de 1962.

Poucas publicações na história da filosofia da ciência provocaram uma comoção tão grande quanto *A estrutura das revoluções científicas* (*The structure of scientific revolutions*), de Kuhn. Muitos autores conseguiram comprovar suas conclusões; talvez tenham sido mais numerosos os outros, incapazes de fazê-lo. Há inúmeros aspectos mais ou menos independentes da tese de Kuhn, mas eles não podem ser discutidos proveitosamente sem considerar casos concretos. É preciso estudar ciências específicas em períodos específicos e indagar se a mudança de teoria seguiu ou não as generalizações de Kuhn. Foi para isso que analisei um bom número de importantes mudanças de teoria em biologia.

Em macrotaxonomia — a ciência da classificação animal e vegetal —, por exemplo, podemos distinguir um período inicial desde os herbalistas (século XVI) até Carl Lineu, quando a maioria das classificações era elaborada por divisões lógicas. A natureza das mudanças feitas de uma classificação para outra dependia do número de espécies classificadas e da consideração de diferentes tipos de características. Esse tipo de metodologia é conhecido como *classificação descendente*. Com o tempo, percebeu-se que isso na realidade era um método de identificação, que foi suplementado por outro muito diverso — *classificação ascendente* —, que consistia no arranjo de grupos cada vez mais amplos de espécies relacionadas, de maneira hierárquica. (O método de classificação descendente continuou a existir, em paralelo, sendo utilizado nas chaves de todas as revisões taxonômicas e monografias, assim como em guias de campo para identificação.) A classificação ascendente foi utilizada primeiramente por alguns herbalistas e depois por Pierre Magnol (1689) e Michel Adanson (1772). Esse método só começou a ser adotado de maneira generalizada no quarto final do século XVIII. Não houve substituição revolucionária de um paradigma por outro (Mayr, 1982: capítulo 5), porque ambos continuaram a existir, ainda que com objetivos diferentes.

Seria de esperar que a adoção da teoria de descendência comum de Charles Darwin de 1859 tivesse produzido uma importante revolução taxonômica, o que não ocorreu, pela razão a seguir. Na classificação ascendente, grupos são reconhecidos com base no maior número de características compartilhadas, e não é surpresa que os táxons assim delimitados consistam em geral em descendentes do ancestral comum mais próximo. Conseqüentemente, a teoria de Darwin supriu a justificativa para o método de classificação ascendente, mas a teoria da descendência comum não resultou numa revolução científica em taxonomia.

Consideremos agora um outro campo: biologia evolucionista. O quadro simples da história bíblica começou a perder credibilidade lá pelo fim do século XVII. No século XVIII, quando a longa duração do tempo geológico e astronômico começava a ser apreciada, quando as diferenças biogeográficas das diversas partes do mundo começaram a ser descobertas, quando uma abundância de fósseis foi descrita etc. (Mayr, 1982), vários novos cenários foram propostos, aí incluídas repetidas criações, porém todos eles operando com novas origens. Todos existiam lado a lado com a história bíblica da criação, que ainda era apoiada pela ampla maioria. O primeiro a solapar seriamente essas visões foi Buffon (1749), que tinha muitas idéias em completa oposição à visão de mundo essencialista-criacionista da época (Roger, 1997). Com efeito, foi de suas idéias que derivou o pensamento evolucionista de Denis Diderot, J. F. Blumenbach, J. G. Herder, Jean-Baptiste Lamarck e outros. Quando Lamarck propôs em 1808 a primeira teoria de genuína evolução gradual, obteve poucas conversões; não iniciou uma revolução científica. Além disso, aqueles que o seguiram como evolucionistas, como Étienne Geoffroy e Robert Chambers, divergiam amplamente, em muitos aspectos, de Lamarck e um do outro. Ele com certeza não ocasionou a substituição de um paradigma por outro novo.

Ninguém pode negar que *Origem das espécies* (1859), de Darwin, produziu uma revolução científica genuína. De fato, ela é freqüentemente chamada de a mais importante de todas as revoluções científicas. Apesar disso, não se enquadra nas especificações de Kuhn para uma revolução científica. A análise da revolução darwiniana enfrenta consideráveis dificuldades porque o paradigma de Darwin na realidade consistia em todo um pacote de teorias, cinco das quais são da maior importância (Mayr, 1991: capítulo 6). A matéria se torna muito mais clara se falarmos em primeira e segunda revoluções científicas de Darwin. A primeira consistiu na aceitação da evolução por descendência comum, uma teoria revolucionária em dois aspectos. Primeiro, porque substituiu o conceito de criação especial, uma explicação sobrenatural, pelo de evolução gradual, uma explicação material, natural. Segundo, porque substituiu o modelo de evolução em linha reta adotado pelos primeiros evolucionistas pelo de descendência ramificada, o que requeria apenas um único episódio de origem da vida. Essa foi, finalmente, uma solução persuasiva para o que haviam tentado inúmeros autores, desde Lineu (e antes dele): encontrar um sistema "natural". Rejeitava todas as explicações sobrenaturais e, além do mais, implicava privar os seres humanos de sua posição única e localizá-los na série animal. A descendência comum foi adotada de modo notavelmente rápido e talvez tenha engendrado o mais bem-sucedido programa de pesquisa do período pós-darwiniano imediato. A razão era que ela se encaixava bem demais nos interesses de pesquisa em morfologia e sistemática, fornecendo a explicação teórica para evidências empíricas anteriormente descobertas, tais como a hierarquia lineana e os arquétipos de Richard Owen e Karl Ernst von Baer. Não implicava nenhuma mudança drástica de paradigma. Além do mais, se fosse para admitir o período de George-Louis Buffon (1749) até *Origem das espécies* (1859) como um período de ciência normal, seria preciso retirar o status revolucionário de várias revoluções menores que tiveram lugar nesse período. Isso inclui as descobertas da idade profunda da Terra, da extinção, da substituição da *scala naturae* [escala natural, ou da perfeição] por tipos morfológicos, de regiões biogeográficas, da concretude das espécies etc. Todas elas foram pré-requisitos para as teorias de Darwin e poderiam ser incluídas entre os componentes da primeira revolução darwiniana, deslocando seu início de volta a 1749 (Mayr, 1972).

A segunda revolução darwiniana (Mayr, 1991) foi causada pela teoria da seleção natural. Embora tenha sido proposta e plenamente explicada em 1859, enfrentou oposição tão sólida que só foi adotada de maneira generalizada com a síntese evolucionista dos anos 1930-40. Na França, na Alemanha e em alguns outros países ainda há resistência considerável a ela, mesmo nos dias de hoje. Quando é que teve lugar essa segunda revolução darwiniana? Quando foi proposta (1859) ou quando foi amplamente adotada (década de 1940)? Pode-se considerar o período de 1859 até a década de 1940 como sendo de ciência normal? Na realidade, um número considerável de revoluções científicas menores teve lugar nesse período, tais como a refutação da herança de características adquiridas (Weismann, 1883), a rejeição da hereditariedade com mescla (Mendel, 1866), o desenvolvimento do conceito biológico de espécie (E. B. Poulton, K. Jordan, E. Mayr etc.), a descoberta da fonte de variação genética (mutação, recombinação genética, diploidia), a constatação da importância de processos estocásticos na evolução (J. T. Gulick, Sewall Wright), o princípio do fundador (E. Mayr), a proposta de numerosos processos genéticos com conseqüências evolutivas etc. Muitas dessas descobertas tiveram de fato um impacto bem revolucionário no pensamento de evolucionistas, mas sem nenhum dos atributos kuhnianos de uma revolução científica.

Após a adoção generalizada da teoria sintética, digamos que a partir de 1950, modificações de quase todos os aspectos do paradigma da síntese foram propostas e algumas, adotadas. Mesmo assim, não pode haver muita dúvida de que ao longo do intervalo entre 1800 e o presente tenha existido períodos de relativa quietude na biologia evolucionista e outros de mudança e controvérsia bem vigorosa. Em outras palavras, não estão corretas nem a imagem kuhniana de revoluções curtas e bem definidas e de longos períodos intercalados de ciência normal, nem a de seus opositores mais extremos, de progresso lento, firme e regular.

O mais revolucionário desenvolvimento da biologia no século XX talvez tenha sido a ascensão da biologia molecular. Ele resultou em um novo campo, com novos cientistas, novos problemas, novos métodos experimentais, novos periódicos, novos livros-texto e novos heróis culturais, mas, como afirmou acertadamente John Maynard Smith, de um ponto de vista conceitual o novo campo não foi mais do que uma continuação suave dos desenvolvimentos na genética anteriores a 1953. Não houve uma revolução durante a qual a ciência prévia tenha sido rejeitada. Não houve paradigmas incomensuráveis. Ao contrário, foi a substituição da análise grosseira pela análise refinada e o desenvolvimento de métodos inteiramente novos. A ascensão da biologia molecular foi revolucionária, mas não foi uma revolução kuhniana.

Seria interessante, porém isso ainda não foi feito, considerar os avanços em vários outros campos da biologia e ver em que medida eles se qualificam como revoluções, se levaram à substituição de um paradigma por outro e quanto tempo foi necessário até que a substituição se completasse. O surgimento da etologia (Konrad

Lorenz, Niko Tinbergen), por exemplo — terá sido uma revolução científica? Em que aspectos a proposta da teoria celular (Th. Schwann, M. J. Schleiden) foi uma revolução científica?

A mesma teoria nova pode ser bem mais revolucionária em algumas ciências do que em outras. A tectônica de placas fornece uma boa ilustração disso. É óbvio que essa teoria teve um efeito revolucionário, pode-se dizer mesmo cataclísmico, na geologia. Mas e na biologia? No que respeita a distribuições de aves, a narrativa histórica inferida antes da tectônica de placas (Mayr, 1946) quase não teve de ser modificada (uma conexão no Atlântico Norte no início do Terciário é a única exceção) como resultado da adoção dessa teoria. É certo que a distribuição de aves na Australonésia era absolutamente incompatível com as reconstruções da tectônica de placas, mas trabalhos geológicos posteriores mostraram que as reconstruções estavam erradas, enquanto as construções revisadas correspondem bastante aos postulados biológicos. Muito antes da proposição da tectônica de placas, paleontólogos já haviam postulado que deveria ter havido uma Pangéia no Permiano-Triássico. Em outras palavras, a interpretação da história da vida na Terra não foi nem de longe tão afetada pela aceitação da tectônica de placas quanto foi a da geologia.

Praticamente todos os autores que tentaram aplicar a tese de Kuhn à mudança de teorias em biologia descobriram que ela não é aplicável a seu campo. Tal conclusão é inevitável, quando se consideram as chamadas revoluções da biologia descritas nas histórias acima. Mesmo nos casos em que houve uma mudança mais revolucionária, ela de maneira alguma teve lugar da forma descrita por Kuhn. Há um bom número de diferenças marcantes. Antes de mais nada, não há uma separação definida entre revoluções e "ciência normal". O que se encontra é uma gradação completa entre mudanças maiores e menores de teorias. Várias "revoluções" menores acontecem mesmo em quaisquer dos períodos que Kuhn poderia designar como "ciência normal". Até certo ponto isso também é admitido por Kuhn (Hoyningen-Huene, 1993), mas não o induziu a abandonar sua distinção entre revoluções e ciência normal.

A introdução de um novo paradigma de modo algum resulta invariavelmente numa imediata substituição do antigo. Como resultado, a nova teoria revolucionária pode existir lado a lado com a antiga; de fato, até três ou quatro paradigmas podem coexistir. Por exemplo, depois que Darwin propôs a seleção natural como mecanismo de evolução, saltacionismo, ortogênese e lamarckismo competiram com o selecionismo pelos oitenta anos a seguir (Bowler, 1983). Foi só com a síntese evolucionista dos anos 1940 que esses paradigmas em competição perderam sua credibilidade.

Kuhn não faz distinção entre mudanças de teoria causadas por novas descobertas e aquelas que resultam do desenvolvimento de conceitos inteiramente novos. Mudanças ocasionadas por novas descobertas em geral têm muito menos impacto sobre o paradigma do que subversões conceituais. Por exemplo, a irrupção da biologia molecular por meio da descoberta da estrutura da dupla hélice teve apenas conseqüências conceituais ligeiras. Não houve, em essência, nenhuma mudança de paradigma durante a transição da genética para a biologia molecular, como foi assinalado por Maynard Smith e outros.

O impacto principal da introdução de um novo paradigma pode ser uma aceleração maciça da pesquisa na área. Isso é particularmente bem ilustrado pela explosão de pesquisa filogenética depois que Darwin propôs a teoria da descendência comum. Em anatomia comparada, assim como em paleontologia, grande parte da pesquisa após 1860 foi dirigida para a busca da posição filogenética de táxons específicos, sobretudo primitivos ou aberrantes. Existem muitos outros casos em que descobertas notáveis tiveram relativamente pouco impacto na estrutura teórica do campo. A descoberta inesperada de Meyen e Robert Remak de que novas células se originavam por divisão de células mais velhas, e não por conversão do núcleo numa nova célula, teve pouco impacto visível. Da mesma maneira, naquilo que concerne à teoria genética, a descoberta de que o material genético eram ácidos nucléicos, e não proteínas, não conduziu a uma mudança de paradigma.

A situação é um tanto diferente quando há desenvolvimento de novos conceitos. Quando a teorização de Darwin forçou a inclusão de seres humanos na árvore da descendência comum, causou efetivamente uma revolução ideológica. Por outro lado, como foi enfatizado com acerto por Popper, isso não ocorreu com o novo paradigma de hereditariedade de Mendel. Mudanças de conceitos têm muito mais impacto do que novas descobertas. A substituição do pensamento essencialista pelo populacional, por exemplo, teve um impacto revolucionário nos campos da sistemática, da biologia evolucionista e até fora da ciência (na política). Essa mudança teve um efeito profundo na interpretação do gradualismo, da especiação, da macroevolução, da seleção natural e do racismo. A rejeição da teleologia cósmica e da autoridade da Bíblia teve efeitos igualmente drásticos na interpretação da evolução e da adaptação.

O impacto de um novo conceito revolucionário ou de uma descoberta sobre o paradigma predominante é altamente variável. No caso da teoria da seleção natural de Darwin, o compromisso ideológico do paradigma precedente com o essencialismo, o teísmo, a teleologia e o fisicalismo ocasionou não só a mais profunda revolução já produzida por uma nova teoria, como também o mais longo período de defasagem (Mayr, 1991).

A publicação em 1859 de *Origem das espécies*, de Darwin, foi um caso único por representar uma revolução científica múltipla. Refiro-me ao fato muito especial da proposta simultânea de várias teorias revolucionárias, como a da descendência comum e a da seleção natural. São duas revoluções científicas realmente independentes, e nenhuma delas pode existir sem a outra. A aceitação entusiástica da teoria da descendência comum e a quase não-aceitação da teoria da seleção natural nos primeiros oitenta anos depois de 1859 comprovam definitivamente sua independência. A razão da discrepância na recepção estava em que a descendência comum era muito mais fácil de acomodar no pensamento da época, ao contrário da seleção natural.

O fato de não encontrarmos praticamente nenhuma confirmação para a tese de Kuhn num estudo das mudanças de teoria na biologia nos obriga a indagar o que induziu Kuhn a propor sua teoria? Dado que muito da explicação em física lida com os efeitos de leis universais, do tipo que não temos em biologia, é efetivamente possível que explicações que envolvem leis universais sejam sujeitas a revoluções kuhnianas. Mas também precisamos lembrar que Kuhn era um físico e que sua tese, ao menos como foi apresentada em seus primeiros escritos, reflete o pensamento essencialista-saltacionista tão disseminado entre físicos. Naquela época, cada paradigma tinha para Kuhn a natureza de um *eidos* platônico, ou essência, e só poderia mudar por meio da substituição por um novo *eidos*. Evolução gradual seria impensável nesse quadro conceitual. As variações de um *eidos* são meros "acidentes", como foram chamadas pelos filósofos escolásticos, e portanto é essencialmente irrelevante a variação no período entre mudanças de paradigma, que representa mera "ciência normal". O quadro da mudança de teoria que Kuhn pintou em 1962 se coadunava com o pensamento essencialista dos físicos. No entanto, isso é incompatível com o pensamento gradualista de um darwinista. Assim, não surpreende que epistemólogos darwinistas tenham introduzido uma conceitualização inteiramente diversa da mudança de teoria em biologia, conhecida em geral como epistemologia evolucionista.

A tese principal da epistemologia evolucionista darwiniana é que a ciência, como se reflete na sua epistemologia atualmente adotada, avança de maneira muito semelhante à do mundo orgânico ao longo do processo darwiniano. O progresso epistemológico, assim, é caracterizado por variação e seleção.

Podem-se extrair dessas observações, talvez, as seguintes conclusões:

(1) Há com efeito revoluções maiores e menores na história da biologia.

(2) Apesar disso, mesmo as revoluções principais não representam necessariamente mudanças de paradigma súbitas e drásticas. Um paradigma anterior e outro subseqüente podem coexistir por longos períodos. Eles não são necessariamente incomensuráveis.

(3) Ramos ativos da biologia não parecem experimentar períodos de "ciência normal". Sempre há uma série de revoluções menores entre as revoluções principais. Períodos sem tais revoluções são encontrados somente em ramos inativos da biologia, mas pareceria inapropriado chamar esses períodos inativos de "ciência normal".

(4) As descrições da epistemologia evolucionista darwiniana parecem captar melhor a mudança de teoria em biologia do que a descrição de Kuhn para revoluções científicas. Áreas ativas da biologia vivem a proposição constante de novas conjecturas (variação darwiniana), e algumas têm mais sucesso que outras. Pode-se dizer que essas são "selecionadas", até sua substituição por outras ainda melhores.

(5) É provável que um paradigma predominante seja mais fortemente afetado por um novo conceito do que por uma nova descoberta.

10. Um outro olhar sobre o problema da espécie

A espécie é a mais importante unidade em biologia, ao lado do gene, da célula, do indivíduo e da população local. A maior parte da pesquisa em biologia evolucionista, ecologia, biologia comportamental e quase todos os outros ramos da biologia lida com espécies. Como seria possível obter conclusões significativas nessa pesquisa sem saber o que é uma espécie e, pior, quando diferentes autores falam de fenômenos diversos mas usam essa mesma palavra "espécie"? Mas isso, ao que parece, acontece o tempo todo, no que ficou conhecido como o problema da espécie. É possível que não exista outro problema em biologia sobre o qual tenha havido tanta dissensão quanto o da espécie. A cada ano vários artigos, e mesmo volumes inteiros, são publicados na tentativa de lidar com essa questão.

A espécie é, com efeito, um desafio fascinante. Apesar da maturidade do darwinismo, ainda estamos longe de alcançar unanimidade sobre a origem de novas espécies, sobre seu significado biológico e sobre a delimitação dos táxons de espécie. A extensão da confusão remanescente é exemplificada de maneira flagrante por um livro recente sobre o conceito filogenético de espécie (Wheeler e Meier, 2000). Pelas discussões de alguns dos autores participantes, fica bem evidente que eles desconhecem muita coisa da literatura recente. O resultado é uma grande confusão. Contrariando intenções anteriores, isso me induziu a mais uma vez escrever sobre o problema da espécie, embora tenha discutido o tema há muito pouco tempo (Mayr, 1987, 1988, 1996, 2000). Infelizmente, vários dos autores de trabalhos recentes sobre o problema da espécie tiveram apenas uma experiência prática limitada com espécies. Nunca haviam lidado com situações taxonômicas concretas envolvendo a classificação (espécie ou não?) de populações naturais; em outras palavras, não tinham experiência prática com espécies reais na natureza. Sua teorização não consegue dar respostas para taxonomistas praticantes. Presumivelmente estou bem qualificado para lidar com esse assunto, tendo discutido o problema da espécie em 64 livros e trabalhos científicos publicados de 1927 a 2000. Também tive de tomar decisões sobre o status de espécie ao descrever 26 novas espécies e 473 novas subespécies de pássaros. Além disso, precisei decidir sobre a classificação de táxons no plano de espécie em 25 revisões genéricas e faunísticas. Não deve haver, portanto, dúvida sobre minha qualificação como sistemata.

A leitura de alguns trabalhos recentes sobre espécies tem sido uma experiência muito perturbadora para mim. Só existe um termo adequado para alguns desses autores: "taxonomistas de poltrona". Por não terem jamais analisado pessoalmente populações de espécies nem estudado espécies na natureza, carecem de toda percepção sobre o que de fato são espécies. Darwin já sabia disso quando, em setembro de 1845, escreveu a Joseph Hooker: "Como é dolorosamente verdadeira sua observação de que ninguém teria o direito de examinar a questão da espécie caso não tivesse descrito minuciosamente várias delas" (Darwin, 1887: 253). Os taxonomistas de poltrona tendem a cometer os mesmos erros que vêm sendo assinalados repetidamente na literatura recente. É preciso admitir que a literatura relevante é muito esparsa e que parte dela pode ser algo inacessível para o não-taxonomista. No entanto, como a espécie é um conceito importante na filosofia da ciência, não se devem poupar esforços para esclarecê-lo. Tentarei apresentar aqui, na perspectiva de um sistemata praticante, uma visão geral concisa dos aspectos mais importantes do "problema da espécie".

A espécie é a unidade principal da evolução. Um entendimento sólido da natureza biológica da espécie é fundamental para escrever sobre evolução e, com efeito, sobre quase todos os aspectos da filosofia da biologia. Um estudo da história do problema da espécie ajuda a desfazer alguns dos mal-entendidos (Mayr, 1957; Grant, 1994).

QUAL É A NATUREZA DO PROBLEMA?

Existem várias respostas possíveis para essa questão. Será possível que diferentes tipos de organismos tenham de fato diferentes tipos de espécies? Fica claro que é exatamente isso o que acontece, porque o que se designa como espécie em organismos que se reproduzem assexuadamente (agamoespécies) é de fato algo muito diferente das espécies de organismos que se reproduzem sexuadamente (ver abaixo). Mas também cabe questionar se mesmo a totalidade das espécies de organismos que se reproduzem sexuadamente é de um único tipo.

EXISTEM DIFERENTES TIPOS DE TÁXONS DE ESPÉCIE?

Não estão ainda disponíveis boas análises comparativas de táxons de espécie que difiram drasticamente na sua estrutura populacional. Como ornitólogo, estou mais familiarizado com espécies de pássaros. Elas tendem a se adaptar a condições locais por meio da produção de raças geográficas (subespécies) (Mayr e Diamond, 2001). Pode-se questionar se esse tipo de espécie geograficamente variada é equivalente ao de espécies de insetos herbívoros estritamente específicos de seus hospedeiros, nas quais a especiação se efetiva pela colonização de uma nova espécie hospedeira (em geral por um processo de especiação mais ou menos simpátrico). Enquanto uma boa percentagem de espécies de pássaros exibe variação geográfica e forma subespécies, tornando-se assim espécies politípicas, a maioria dos herbívoros com hospedeiro específico parece permanecer monotípica.

A especiação pela colonização de um novo hospedeiro ocorre sempre por brotação, com a espécie parental permanecendo inalterada. É amplamente desconhecido quantos táxons de animais, plantas, fungos e protistas têm modos de especiação que possam produzir tipos diferentes de táxons de espécie. Por exemplo: seriam os poliplóides um tipo de espécie diferente dos diplóides? Ainda há um bom tanto de pesquisa por fazer.

Uma raiz importante do problema da espécie é que a palavra tem sido usada para duas entidades inteiramente diversas: para conceitos de espécie e para táxons de espécie.

Um *conceito de espécie*, como diz o nome, é aquele que naturalistas e sistematas têm do papel que uma espécie desempenha na natureza. Que tipo de fenômeno eles têm em mente quando usam a palavra "espécie"?

Um *táxon de espécie* é a população de organismos que se qualificam para reconhecimento como táxon de espécie de acordo com determinado conceito de espécie.

Conceito de espécie e táxon de espécie são dois fenômenos inteiramente diferentes, como fica evidente nessas definições. O problema da espécie surge quando um autor confunde os dois fenômenos. Analisemos com maior detalhe, portanto, os vários usos da palavra "espécie".

CONCEITOS DE ESPÉCIE

O conceito tipológico de espécie

De Platão e Aristóteles até Lineu e o início do século XIX, vários autores identificaram espécies, *eide* (Platão) ou tipos (Mill) com base em sua diferença. A palavra "espécie" transmite a idéia de uma classe de objetos cujos membros partilham certas propriedades definidoras. Sua descrição distingue determinada espécie de todas as outras. Essa classe é constante, não muda ao longo do tempo, e todos os desvios diante da descrição da classe são meros acidentes — isto é, manifestações imperfeitas de sua essência (*eidos*). Mill, em 1843, introduziu a palavra "tipo" para espécie, e desde então filósofos ocasionalmente usam o termo *tipo natural* [*natural kind*] para espécie (como definido acima), sobretudo depois que B. Russell e Quine o adotaram.

O uso corrente do termo "espécie" para objetos inanimados, tais como espécies nucleares ou espécies de minerais, reflete esse conceito tipológico clássico. Até o século XIX esse era também o conceito de espécie mais prático em biologia. Os naturalistas estavam ocupados fazendo um inventário das espécies na natureza, e o método que usavam para a discriminação de espécies era o procedimento de identificação por classificação descendente (Mayr, 1982, 1992a, 1992b). As espécies eram reconhecidas por suas diferenças; elas constituíam tipos naturais [*kinds*], e eram tipos [*types*]. Havia várias designações diferentes para espécie nessa acepção: espécie lineana, tipológica, morfológica. Uma quantidade limitada de variação era aceitável, sob esse conceito tipológico, e nos anos recentes um número crescente de espécies animais foi reconhecido por características não-morfológicas, como comportamento e feromônios. A maioria das espécies-irmãs, por exemplo, não se enquadra na terminologia do conceito morfológico de espécie. Por essa razão, talvez fosse preferível usar o termo "conceito fenotípico de espécie", reconhecível pelo grau de sua variação fenotípica.

No tempo de Lineu, esse conceito se apoiava em três gêneros de observações e considerações. Primeiro, pelo princípio lógico de que a variação tem de ser segregada em espécies. Segundo, pela observação de naturalistas de que a variação orgânica constituía espécies. Não havia controvérsia a respeito de quais espécies de pássaros se encontravam no próprio jardim. Terceiro, o dogma cristão de que a variedade da natureza viva consistia em descendentes do casal de cada gênero criado por Deus no início de tudo. Assim Lineu e seus contemporâneos tinham pouca dificuldade em atribuir indivíduos orgânicos a espécies. Com efeito, eles aplicavam esse princípio não só à natureza viva, mas também a entidades inanimadas, como os minerais. Uma espécie tipológica é uma entidade que difere das outras espécies por diferenças diagnósticas constantes, mas é subjetivo aquilo que se pode considerar como diferença diagnóstica. O chamado conceito tipológico de espécie não passa de um meio biologicamente arbitrário de delimitar táxons de espécie. Os resultados desse procedimento são classes (tipos naturais) que não têm necessariamente as propriedades de uma espécie biológica.

O critério para o status de espécie, no caso do conceito morfológico (tipológico) de espécie, é o grau de diferença fenotípica. De acordo com esse conceito, uma espécie é reconhecível pela diferença intrínseca refletida em sua morfologia, e é isso o que torna uma espécie claramente diferente de toda e qualquer outra. Uma espécie, nessa acepção, é uma classe reconhecível por suas características definidoras. Um taxonomista de museu ou de herbário, que precisa separar numerosas coleções no espaço e no tempo e atribuí-las a táxons concretos e de preferência delimitados de modo claro, poderá considerar da maior conveniência reconhecer estritamente espécies fenéticas [*phenetic*] nessas atividades de catalogação. Assinalarei a seguir as dificuldades causadas por essa abordagem.

Com o passar do tempo, surgiram fragilidades no conceito tipológico. Com freqüência cada vez maior eram encontradas espécies na natureza que continham numerosas características fenéticas intra-específicas notavelmente diferentes — isto é, diferenças causadas por sexo, idade, estação ou variação genética comum — e que eram tão diversas umas das outras que os membros de uma mesma população às vezes diferiam de maneira mais chocante entre si do que verdadeiras espécies reconhecidas por todos.

De modo inverso, em muitos grupos de animais e plantas extremamente similares e quase indistinguíveis foram descobertas espécies crípticas que, onde conviviam na natureza, não cruzavam umas com as outras e mantinham a integridade dos respectivos acervos de genes. Tais *espécies-irmãs*, ou crípticas, decerto invalidam um conceito de espécie baseado no grau de diferença. Elas ocorrem com freqüências maiores e menores em quase todos os grupos de organismos (Mayr, 1948), mas aparentam ser particularmente comuns entre protozoários. Sonneborn (1975) reconheceria depois catorze espécies-irmãs naquela que ele de início considerara uma única espécie, *Paramecium aurelia*. Muitas espécies-irmãs são geneticamente tão diferentes uma da outra quanto espécies de morfologias distintas.

Talvez a maior fraqueza do conceito tipológico de espécie seja sua incapacidade de responder ao "por quê?" darwiniano. Ele não lança luz alguma sobre as razões para a existência na natureza de espécies descontínuas, reprodutivamente isoladas. Nada nos diz sobre o significado biológico de espécies. As definições das chamadas espécies morfológicas nada mais são que instruções operacionais artificiais para a demarcação de táxons de espécie.

O conceito biológico de espécie

Uma observação feita por naturalistas sugeriu um critério inteiramente diverso para basear o reconhecimento de espécies. Trata-se da percepção de que os indivíduos de uma espécie formam uma comunidade reprodutiva. Membros de espécies diferentes, mesmo quando convivem numa mesma localidade, em geral não cruzam uns com os outros. Eles estão separados por uma barreira invisível em comunidades reprodutivas. Cada comunidade reprodutivamente isolada é chamada de *espécie biológica*. O conceito que ancora o reconhecimento de espécies na reprodução é chamado de *conceito biológico de espécie* (CBE).

Defino espécies biológicas como "grupos de populações naturais capazes de entrecruzamento que são reprodutivamente (geneticamente) isolados de outros grupos similares". A ênfase dessa definição não está mais no grau de diferença morfológica, mas sim na relação genética. Em definições anteriores, incluí o potencial entrecruzamento de populações da mesma espécie que estivessem geograficamente separadas. Hoje considero supérflua a palavra "potencial", porque "entrecruzamento" implica a posse de mecanismos de isolamento que permitem o entrecruzamento de populações impedidas de fazê-lo por barreiras extrínsecas. O conceito de entrecruzamento, assim, inclui a propensão para entrecruzamento. A palavra "entrecruzamento" indica uma propensão: uma população espacial ou cronicamente isolada não está, é claro, entrecruzando com outras populações, mas pode ter a propensão para fazê-lo quando o isolamento extrínseco for interrompido. O status de espécie é propriedade de populações, não de indivíduos.

Uma população não perde seu status de espécie quando, ocasionalmente, um indivíduo que dela faz parte comete um erro e hibridiza com outra espécie.

É muito importante entender o que a palavra "conceito" significa quando combinada com a palavra "espécie". Ela transmite o significado da espécie na natureza. Uma população ou grupo de populações é uma espécie, de acordo com o CBE, se formar uma comunidade reprodutiva e não se reproduzir com membros de outras comunidades. O CBE, assim definido, desempenha um papel concreto na natureza e difere nesse aspecto de todos os outros chamados conceitos de espécie que não passam de instruções, baseadas no juízo humano, sobre como delimitar táxons de espécie. Todos os chamados novos conceitos de espécie propostos devem ser testados para ver se de fato encerram um novo significado de espécie na natureza ou são simplesmente um novo conjunto de instruções para a delimitação de táxons de espécie com base em um conceito particular de espécie.

Essa nova interpretação de espécies de organismos enfatizou que espécies biológicas são algo muito diverso dos tipos naturais da natureza inanimada, o que não foi plenamente compreendido até que Darwin tornasse legítimo levantar questões do tipo "por quê?" em biologia. Para alcançar uma compreensão real do significado de espécie, é necessário perguntar: por que existem espécies? Por que não encontramos na natureza apenas um contínuo ininterrupto de indivíduos similares ou mais amplamente divergentes? (Mayr, 1988b) A razão, é óbvio, está em que cada espécie biológica é uma reunião de genótipos balanceados e harmoniosos. Um entrecruzamento indiscriminado de todos os indivíduos no mundo natural levaria a um colapso imediato desses genótipos harmoniosos. O estudo de híbridos, com suas reduzidas viabilidade (ao menos na geração F2) e fertilidade, demonstrou isso de maneira abundante. Conseqüentemente, existe um elevado prêmio seletivo para a aquisição de dispositivos, hoje chamados de *mecanismos de isolamento*, que favoreçam o cruzamento com indivíduos da mesma espécie e inibam o acasalamento com indivíduos de outras espécies. Essa conclusão fornece o verdadeiro significado de espécie. A espécie viabiliza a proteção de genótipos harmoniosos e bem integrados. É nesse lampejo que se baseia o CBE.

O CBE tem seu maior significado nas situações locais em que populações diferenciadas na condição reprodutiva estão em contato umas com as outras. A decisão sobre quais dessas populações são consideradas espécies não é tomada com base em seu grau de diferença. O status de espécie lhes é conferido com base puramente empírica — isto é, com base no critério observacional da presença ou ausência de entrecruzamento. Observações na situação local têm demonstrado claramente a confiabilidade superior do critério de entrecruzamento sobre o de grau de diferença. Essa conclusão é apoiada por inúmeras análises detalhadas de biotas locais. Algumas referências são, por exemplo, as plantas do distrito de Concord (Mayr, 1992a), os pássaros da América do Norte (Mayr e Short, 1970) e os pássaros da Melanésia Setentrional (Mayr e Diamond, 2001). Em particular, não há dificuldade quando existe uma continuidade de populações e o fluxo gênico resulta numa coesão genotípica da reunião de populações. É a combinação de entrecruzamento e fluxo gênico que garante ao táxon de espécie biológica sua coesão interna.

O CBE tem uma história longa. Ela começou com Buffon em 1749 (Sloan, 1987) e prosseguiu com K. Jordan, E. Poulton, E. Stresemann e B. Rensch. É um tanto desorientador afirmar, como fizeram alguns geneticistas, que Dobzhansky foi o autor do CBE. Vários historiadores recentes creditaram a mim a autoria do CBE, o que tampouco está correto. Meu mérito foi propor uma definição simples e concisa, que hoje é quase universalmente usada em trabalhos que tratam do CBE. Mas essa definição, mais do que qualquer outra coisa, favoreceu a aceitação do CBE.

* * *

CRÍTICAS AO CBE. Por que o CBE, mesmo sendo tão amplamente adotado, é atacado com tanta freqüência? Uma análise dos numerosos trabalhos com críticas ao CBE levou-me à conclusão de que a crítica se deve quase invariavelmente à incapacidade dos críticos de fazer uma distinção clara entre a categoria de espécie (conceito de espécie) e o táxon de espécie. O CBE (e definição de espécies) lida com a definição da categoria de espécie e com o conceito sobre o qual ela se baseia. Esse conceito, proteção de um acervo harmonioso de genes, é estritamente biológico e, é claro, só tem sentido onde um acervo de genes entra em contato com o acervo de genes de outra espécie — isto é, em uma dada localidade num dado momento (a situação não dimensional). Somente quando duas populações naturais se encontram no espaço e no tempo é que pode ser determinado aquilo que é responsável pela manutenção de sua integridade. Nunca há dúvida alguma, em espécies que se reproduzem sexualmente, sobre qual é a barreira reprodutiva. Duas espécies simpátricas estreitamente relacionadas retêm sua distinção não porque são diferentes em certas características taxonômicas, mas porque são sexualmente incompatíveis. A definição de gêmeos monozigóticos, como assinalou Simpson (1961) de modo tão acertado, oferece um equivalente causal homólogo. Dois irmãos semelhantes não são gêmeos monozigóticos por serem tão similares, mas sim são tão parecidos porque são gêmeos monozigóticos. É o conceito de isolamento reprodutivo que fornece o padrão de medida para a delimitação do táxon de espécie, e isso pode ser estudado unicamente na situação não dimensional. Contudo, como os táxons de espécie têm uma extensão no espaço e no tempo, o status de espécie de populações não contíguas tem de ser determinado por inferência (ver a seguir).

Como apresentei há pouco uma análise detalhada de várias

críticas ao CBE, não vou repetir-me e somente remeto a essa análise (Mayr, 1992a: 222-31). Respondo aqui apenas a algumas críticas feitas mais recentemente.

Ao saber que o CBE reflete a situação não dimensional, Kimbel e Rak (1993: 466) concluíram que se trata de "uma incapacidade do Conceito Biológico de Espécie de explicar o critério de persistência temporal para individualidade". Essa objeção confunde o conceito de espécie com a delimitação do táxons de espécie. Chega-se à definição do conceito de espécie sob a condição da não-dimensionalidade, mas táxons de espécie têm, obviamente, uma extensão no espaço e no tempo: eles não são criados de novo a cada geração. O CBE apresenta a grande vantagem de fornecer um padrão de medida que nos permite inferir quais populações no espaço e no tempo devem ser combinadas em um conjunto de populações reprodutivamente coeso e quais devem ser deixadas de fora. Como veremos adiante, nenhum dos conceitos de espécie concorrentes contém um critério desses.

Quero enfatizar particularmente que o fato de *evoluir* não é um critério de espécie, como tem sido afirmado por vários autores recentes. As espécies não diferem nesse aspecto de outras entidades vivas. Obviamente, cada espécie é o produto de evolução, mas também o são cada população, cada isolado [*isolate*], cada grupo de espécies e cada táxon superior monofilético.

Uma população ou grupo de populações constitui uma espécie sob o CBE porque é uma comunidade reprodutiva e não se reproduz com outra espécie similar. A espécie biológica, assim definida, desempenha um papel concreto na natureza, e tal conceito de espécie difere nesse aspecto de todos os outros chamados conceitos de espécie, que não são mais que instruções baseadas no juízo humano sobre como delimitar táxons de espécie. Todo novo e pretenso conceito de espécie recém-proposto precisa ser testado para ver se de fato concretiza um novo significado da espécie na natureza ou se é simplesmente um novo conjunto de instruções para a delimitação de táxons de espécie.

DIFICULDADES NA APLICAÇÃO DO CBE. As espécies evoluem, como tudo mais na natureza viva. Com o passar do tempo, subespécies podem tornar-se espécies incipientes e, ao final, espécies plenas. Em cada grupo de organismos há situações em que populações se encontram naquele estágio intermediário entre "não ainda uma espécie" e "já uma espécie plena". No que concerne a espécies biológicas de pássaros, isso é verdadeiro em particular para populações geograficamente isoladas (Mayr e Diamond, 2001). O status de tais populações só pode ser determinado por inferência. É necessário perguntar: o fenótipo de tais populações indica que elas alcançaram o nível de espécie? A resposta a essa questão terá de ser subjetiva. Felizmente, porém, é pequeno o percentual de casos discutíveis. A evolução é a responsável pelo fato de se encontrarem tais casos limítrofes na aplicação de qualquer conceito de espécie. Para uma discussão mais detalhada, ver Mayr (1988a, 1992, 1996).

Antes de prosseguir para uma análise de situações mais difíceis, quero repetir que o CBE é inaplicável para organismos assexuados, que formam clones, e não populações. Como organismos assexuados mantêm seu genótipo de geração para geração por não entrecruzar com outros organismos, eles não têm necessidade de nenhum dispositivo (mecanismo de isolamento) para proteger a integridade e a harmonia de seu genótipo. Nesse caso, concordo inteiramente com Ghiselin (1974).

Muitas das críticas ao CBE se voltam contra as decisões tomadas na aplicação do CBE na delimitação de táxons de espécie. Usar o CBE como padrão de medida para ordenar populações contíguas que se entrecruzam não causa dificuldades. Poderia parecer, contudo, que o critério do entrecruzamento não pode ser aplicado na delimitação de espécies sempre que populações isoladas estejam envolvidas — isoladas seja no tempo, seja no espaço. Apresentei já com grande detalhe o raciocínio usado pelos defensores do CBE quando atribuem tais populações a espécies biológicas (mais recentemente em Mayr, 1988a, 1988b e 1992a). Farei agora um resumo de meus argumentos, mas remetendo às publicações citadas para mais detalhes.

A dificuldade básica decorre de que cada população isolada é um acervo de genes independente e evolui a despeito do que estiver acontecendo no corpo principal da espécie à qual pertence. Por esse motivo, cada população perifericamente isolada é, em potencial, uma espécie incipiente. A análise cuidadosa de sua genética e da natureza de seus mecanismos de isolamento tem mostrado que, de fato, algumas delas estão a caminho de se tornar uma nova espécie e que outras na realidade já podem ter ultrapassado esse limiar. Em áreas propícias a tal padrão de distribuição, particularmente nas regiões insulares, cada espécie principal é em geral rodeada por várias populações que atingiram o estágio de alospécie, mas, no que diz respeito a todas elas, temos de fazer uma inferência com base em todos os dados e critérios disponíveis sobre o quanto já podem ter avançado no sentido de se tornar uma espécie separada. Ao fazer tal inferência, precisamos estar claramente conscientes sobre o que de fato estamos realizando. Estamos estudando as evidências disponíveis (propriedades de populações de espécie) para determinar se o conceito de espécie (a definição do conceito) é satisfeito pelas respectivas populações. A lógica desse procedimento foi bem estabelecida por Simpson [(1961: 69); ver também Mayr (1992a: 230)]. Isso significa que não afirmamos que elas são tão similares porque pertencem a uma mesma espécie, mas sim que inferimos que pertencem a uma mesma espécie por serem tão similares. A biologia molecular, obviamente, nos deu muito mais evidências, sobre as quais basear nossas conclusões, do que só a evidência puramente morfológica, antes a única disponível para o taxonomista.

A maior dificuldade prática encontrada pelo investigador é a ocorrência da evolução em mosaico. Algumas populações podem adquirir isolamento reprodutivo, mas apenas com diferenças morfológicas mínimas (resultando em espécies-irmãs), enquanto outras populações podem adquirir morfologias notavelmente diferentes e nenhum mecanismo de isolamento. Da mesma forma, taxas de divergência molecular e de aquisição de especialização em nichos variam independentemente da aquisição do isolamento reprodutivo.

Mesmo aceitando todas as dificuldades, é evidente que o desafio de usar todas as evidências disponíveis para chegar à decisão correta pode fornecer uma classificação biologicamente muito mais significativa do que uma decisão arbitrária baseada apenas no grau de diferença morfológica. Certamente, atribuir populações a espécies biológicas com base no conjunto de critérios discutido por Mayr (1969: 181-7) não eliminará a possibilidade de um erro ocasional. Não há, contudo, método melhor disponível para o biólogo.

CRONOSPÉCIE. Linhagens filéticas mudam com o tempo, algumas muito devagar, outras rapidamente. No devido tempo o táxon de espécie que representa a linhagem filética pode mudar o suficiente para ser considerado um novo táxon de espécie, diverso de sua espécie parental. Isso não é o mesmo que especiação propriamente definida, mas apenas evolução filética, mudança genética no interior de uma única linhagem; o número de espécies permaneceu o mesmo. O problema enfrentado pelo paleontólogo é como delimitar táxons de espécie em meio a uma linhagem filética contínua. Isso foi tentado por Simpson (1961), Hennig (1966), Wiley e Maydem (2000), mas de modo um tanto malsucedido. Apresentei uma análise desse problema numa ocasião anterior (Mayr, 1988b). Simpson na realidade não ofereceu solução alguma, e a de Hennig era um tanto arbitrária e insatisfatória. Na ausência de quaisquer critérios melhores, o paleontólogo é forçado a confiar nas lacunas do registro fóssil.

EXISTEM VARIANTES DO CBE? Nos últimos cinqüenta anos, foram propostos vários conceitos de espécie, apresentados como aperfeiçoamentos do CBE por corrigir algumas de suas deficiências. Francamente, não me persuadi de que nenhuma dessas pretensões seja válida.

A proposta de Simpson (1961) de um conceito evolutivo de espécie aceita a parte básica do CBE — que espécies são comunidades reprodutivas isoladas. "Uma espécie evolutiva é uma linhagem (uma seqüência ancestral descendente de populações) que evolui separadamente de outras, com seu próprio papel evolutivo unitário e suas próprias tendências" (1961: 153). No entanto, sob tal definição, cada população geográfica ou cronologicamente isolada se qualificaria como uma espécie evolutiva. Além do mais, é um tanto impossível determinar, para cada população, se ela tem "seu próprio papel evolutivo independente [na natureza] e suas próprias tendências históricas". Nenhuma dessas deficiências é corrigida na recente reformulação da definição de Simpson (Wiley e Maydem, 2000: 73). O conceito de espécie de Hennig (1966) está baseado no CBE, e ele também aceita a especificação de que uma espécie biológica é uma comunidade reprodutiva. No entanto, sua definição é tolerante com o mito de que uma espécie antiga desaparece sempre que uma nova espécie se origina. Isso é verdadeiro, com efeito, quando a nova espécie se origina pelo desmembramento da espécie parental (*especiação dicopátrica*), mas não para a especiação peripátrica, na qual a espécie parental pode prosseguir mais ou menos inalterada depois de ter dado origem (por brotamento) a uma nova espécie (Mayr, 2000: 94-5). Não há lacuna na linhagem parental.

Paterson (1985) propôs um "conceito de espécie por reconhecimento", que é no entanto só uma versão com outras palavras do CBE (Mayr, 1996, 2000: 20-2; Raubenheimer e Crowe, 1987). Ele nada acrescenta à compreensão do CBE.

O conceito ecológico de espécie

O chamado conceito ecológico de espécie (Van Valen, 1976), baseado na ocupação de nicho por uma espécie, não é operacional por duas razões. Populações locais, em quase todas as espécies mais disseminadas, diferem em sua ocupação de nicho. Uma definição ecológica de espécie requereria que essas populações fossem chamadas de espécies diferentes, mesmo que, com base em todos os outros critérios, obviamente não o sejam. Mais fatal para o conceito ecológico de espécie são as espécies tróficas de ciclídeos (Meyer, 1990), que se diferenciam até no interior de um único conjunto de filhotes dos mesmos pais. Por fim, existem os numerosos casos (mas nenhum deles exaustivamente analisado) em que duas espécies simpátricas parecem ocupar o mesmo nicho, em conflito com a regra de Gause. Todas essas evidências mostram não só quantas dificuldades enfrenta um conceito ecológico de espécie, mas também como ele é incapaz de responder a questão darwiniana "por quê?" para a existência de espécies ecológicas.

QUAL A IMPORTÂNCIA DO NÍVEL DE ESPÉCIE? Willman e Meier (2000: 115-6) consideram que é importantíssimo. Creio que depende da situação. Na maioria das situações práticas, particularmente para ecólogos e estudiosos de comportamento que trabalham em uma situação local, o nível de populações é muito importante. Esses pesquisadores precisam conhecer o status de quaisquer duas populações que convivem ou estão em contato uma com a outra. E é aqui que o CBE permite alcançar conclusões concretas de maneira mais útil do que qualquer outro dito conceito de espécie.

Não faz muitos anos as leis de conservação dos Estados Unidos davam proteção especial a organismos ameaçados apenas quando espécies plenas estavam envolvidas. Protestei contra essa interpretação da lei e insisti em que populações especialmente preciosas deveriam ser protegidas mesmo que não tivessem o status pleno de espécie. Apliquei esse argumento à população de leões da montanha da Flórida (pantera da Flórida) porque era uma população local altamente interessante, ainda que não uma espécie plena (Mayr e O'Brien, 1991). Essa interpretação no fim foi aceita pelo governo federal devido à grande pressão dos eleitores da Flórida. Para um ecólogo que trabalhe com seleção de hábitats por pardais canoros em populações da área da baía de San Francisco, é irrelevante se o pardal canoro das ilhas Aleutas é considerado uma espécie separada ou não. Ênfase demais no status de espécie, em certas situações, pode na realidade estar em conflito com o interesse maior de conservação.

O TÁXON DE ESPÉCIE. O táxon de espécie e o conceito de espécie são com freqüência confundidos em discussões sobre o problema da espécie. No entanto, têm sentidos surpreendentemente diferentes. O conceito de espécie, como explicado acima, se refere ao significado de espécies no funcionamento da natureza. A palavra "táxon", por outro lado, se refere a um objeto zoológico ou botânico concreto que consista em populações (ou grupos de populações) classificáveis de organismos. O pardal comum (*Passer domesticus*) e a batata-inglesa (*Solanum tuberosum*) são táxons de espécie. Táxons de espécie são particulares, biopopulações. Sendo particulares, podem ser descritos e delimitados em contraste com outros táxons de espécie, mas não podem ser definidos (Ghiselin, 1997). Em outras palavras, um táxon de espécie consiste em um grupo de populações conforme a definição de um conceito de espécie.

Curiosamente, a palavra "táxon" só foi introduzida na sistemática por volta de 1950. Antes disso, em todas as situações nas quais hoje se usa "táxon" era preciso usar palavras como "categoria" ou "conceito". Falar de uma categoria politípica de espécie, como fiz em 1942, dado que a palavra "táxon" não estava ainda disponível, era absurdo. O nível do táxon é dado pela categoria na hierarquia lineana na qual é colocado.

Um táxon de espécie, formado de populações, é multidimensional; é formado de populações alopátricas. Populações periféricas no espaço ou no tempo podem estar em um estado evolutivo intermediário. Isso é considerado um obstáculo irritante pelo catalogador administrativo, mas é saudado pelo evolucionista como evidência da ação da evolução.

Devido à incompletude do registro fóssil, só são encontradas relativamente poucas séries contínuas de ancestrais e descendentes nas quais uma delimitação de espécies é impossível. No entanto, vários paleontólogos tentaram articular uma definição de espécie que tornasse possível uma separação de espécies "verticais". Dessas definições, a citada com mais freqüência é o chamado conceito evolutivo de espécie de Simpson, que foi debatido acima. Contudo, ele falhou em seu objetivo básico.

O STATUS ONTOLÓGICO DO TÁXON DE ESPÉCIE. Há uma longa controvérsia entre filósofos sobre o status ontológico do táxon de espécie. Tradicionalmente, e em boa parte do século XX, a espécie foi considerada por filósofos como uma classe platônica. Naturalistas, porém, havia muito já reconheciam a natureza não classificatória da espécie biológica. Para tornar mais visível a nulidade da natureza classificatória da espécie, Ghiselin (1974) e Hull (1976) propuseram considerar as espécies como indivíduos. Isso atraiu a atenção para algumas das propriedades não classificatórias da espécie, tais como sua localização espaço-temporal, sua catividade, sua coesão interna e sua capacidade de mudança (evolução). Mesmo admitindo que espécies não são classes platônicas, a maioria dos biólogos e alguns filósofos estavam igualmente insatisfeitos com a denominação de espécie como indivíduo, quando na realidade ela pode consistir em milhões ou bilhões de organismos individuais e exibe muito menos coesão que um único indivíduo.

Assim, foi proposto por alguns naturalistas que o termo "população", aplicado a espécies por mais de cem anos, fosse acrescentado ao vocabulário da filosofia da ciência para designar um fenômeno da natureza, espécies biológicas, para o qual nem o termo "classe" (conjunto) nem o termo "indivíduo" pareciam apropriados (Mayr, 1988a; Bock, 1995). Táxons de espécies biológicas são biopopulações, não classes. Pluralismo terminológico é a resposta a essa diversidade.

SUBESPÉCIE. A aceitação do CBE produziu uma tensão entre os proponentes do conceito lineano de espécie (tipológico) e o CBE. Quando eram encontradas populações em uma espécie biológica geograficamente variável apenas minimamente ("subespecificamente") diferentes umas das outras, elas eram classificadas como subespécies. Do ponto de vista da transferência da informação, esse era um método muito proveitoso. Antes de mais nada, impedia que a categoria de espécie se tornasse heterogênea demais, contendo tanto espécies biológicas muito distintas como raças geográficas locais minimamente diversas. Sua segunda vantagem era oferecer de imediato informação sobre o parente mais próximo desses variantes geográficos e sobre sua alopatria. Quando essas populações são tratadas como espécies plenas, tal informação não fica disponível, e ela é particularmente valiosa nos gêneros maiores (Mayr e Ashlock, 1991: 105). É preciso enfatizar que a terminologia de subespécies é uma conveniência puramente taxonômica e não tem relevância evolutiva. É certo que algumas subespécies, sobretudo aquelas geograficamente isoladas, podem acabar se tornando espécies plenas, mas a maioria das subespécies jamais alcança essa posição.

O CBE, tal como apresentado por mim em 1942, se baseava amplamente em pássaros (E. Stresemann, B. Rensch, E. Mayr) e insetos (K. Jordan, E. Poulton). A especiação em equinóides marinhos* parece ocorrer de maneira muito semelhante à de pássaros, e assim também a de briozoários marinhos** (Mayr, 1954). Existe uma grande carência de estudos sobre espécies geograficamente variáveis de organismos marinhos.

CONCEITOS DE PSEUDOESPÉCIES. Nos anos recentes foram introduzidos vários conceitos de espécie, ditos novos, que na realidade nada tinham de conceitos novos, só de novos procedimentos e critérios para a delimitação de táxons de espécie. Seus autores ignoram a diferença fundamental entre conceito de espécie e táxon de espécie. Bock (1995) ofereceu uma análise sensata do significado dos termos "conceito", "categoria" e "táxon".

* Classe à qual pertencem os ouriços-do-mar e as bolachas-de-praia. (N. T.)
** Pequenos animais marinhos fixos, que formam colônias. (N. T.)

Na recente monografia sobre o conceito filogenético de espécie (Wheeler e Meier, 2000), dois "conceitos de espécie" filogenéticos diferentes encontram apoio. Os autores desses dois supostos conceitos filogenéticos de espécie admitem francamente que oferecem descrições de táxons de espécie particulares. Mishler e Theriot (2000) afirmam: "[...] uma espécie é o táxon menos inclusivo reconhecido numa classificação formal filogenética"; "[...] organismos são agrupados em espécies com base em evidência de monofilia"; "[...] são os menores grupos monofiléticos dignos de reconhecimento formal". De maneira similar, Wheeler e Platnick (2000) dizem que a espécie filogenética é "o menor agregado de populações (sexuadas) ou linhagens (assexuadas) diagnosticáveis por uma combinação única de estados característicos". Portanto, a diferença morfológica é o seu principal critério de espécie. Isso fica claro também na afirmação de Platnick: "[...] onde existem, 'subespécies' bem definidas e diagnosticáveis deveriam ser chamadas simplesmente de espécies" (2000: 174). Em várias outras passagens eles repetem que constitui uma espécie toda população diagnosticável, mesmo que pela mais ligeira diferença discernível. Isso não é a definição de um conceito, nem mesmo uma definição satisfatória, porque taxonomistas são propensos a discordar uns dos outros sobre o que é "diagnosticável". Não tem nenhuma relação com o papel das espécies na natureza, seu "significado". Não é, portanto, um conceito.

Wheeler e Platnick admitem que a aceitação de seu conceito de espécie levaria a "um drástico aumento no número de espécies". Isso, dizem eles, é compatível com um "objetivo fundamental de todos os conceitos de espécie de descobrir quantos tipos de organismos existem". Não parecem se dar conta de que "diferentes contagens de espécies baseadas em definições muito diferentes de tipos de espécie" levariam a resultados bastante diversos. Por que deveria alguém aceitar uma definição de espécie que leva aos mais elevados totais de números de espécies? O conceito subjacente desses chamados conceitos filogenéticos de espécie é, claramente, o grau de diferença fenotípica. Para todos os efeitos e propósitos, é um retorno ao tradicional conceito lineano de espécie.

ORGANISMOS QUE SE REPRODUZEM ASSEXUADAMENTE (AGAMOSPÉCIES). O CBE depende da ocorrência do entrecruzamento entre populações. Por essa razão o conceito não é aplicável a organismos que não têm reprodução sexuada. Espécies de organismos que se reproduzem de forma assexuada (uniparentalmente) são distinguidas de maneira um tanto arbitrária com base em características fenotípicas. A transferência horizontal de genes torna a delimitação de muitas agamospécies bacterianas, umas diante das outras, uma matéria bem arbitrária. Essas agamospécies têm muito pouca coisa em comum com as espécies tradicionais de eucariotos. Obviamente, tais *agamospécies* não correspondem à definição do CBE.

Qualquer tentativa de propor uma definição de espécie que seja igualmente aplicável a populações que se reproduzem tanto sexuada quanto assexuadamente perderá de vista a característica básica da definição biológica de espécie (a proteção de acervos harmoniosos de genes). É por isso que todas essas tentativas têm sido insatisfatórias. Agamospécies diferem umas das outras pelo grau de diferença fenotípica. Na hierarquia lineana, elas são colocadas na categoria de espécie.

11. A origem dos seres humanos

O estudo da evolução de ancestrais humanos se encontra atualmente em considerável tumulto, após um período de cerca de quarenta ou cinqüenta anos de relativa estabilidade. Qual é a causa da incerteza vigente? Aparentemente, três fatores são os responsáveis primários: a recente descoberta de cinco ou seis novos tipos de fósseis hominídeos, uma aplicação mais consistente do pensamento geográfico à ordenação dos táxons hominídeos e a valorização da importância de mudanças climáticas para a evolução de hominídeos. Esses fatos levam a uma reavaliação de boa parte das evidências fósseis e de um bom tanto da controvérsia saudável e em geral não resolvida. Meu objetivo aqui é oferecer um relato algo especulativo de minha própria reinterpretação da pré-história humana.

UMA ERA DE TIPOLOGIA

Tradicionalmente, o estudo da evolução de hominídeos foi empreendido por antropólogos físicos que haviam recebido seu treinamento como anatomistas humanos, quase sempre na Alemanha. Sua filosofia era a morfologia idealista, o quadro conceitual tradicional dos anatomistas. Para eles, cada fóssil era um novo tipo; com freqüência, recebia um novo nome e, se de fato parecesse distinto, era até colocado em um novo gênero. Raças geográficas do *Homo erectus* foram descritas como gêneros diversos, *Pithecanthropus* (Java) e *Sinanthropus* (China). Um historiador listou, nos anos 1930, mais de trinta nomes genéricos e mais de uma centena de nomes específicos para espécies fósseis de hominídeos. Brandindo a navalha de Occam um tanto impiedosamente, reduzi isso a um ou dois nomes de gênero e por volta de cinco de espécie (Mayr, 1951). Logo se tornou evidente que meu agrupamento havia sido drástico demais, mas não ficou tão longe do que hoje é aceito pela melhor classificação de hominídeos. No entanto, nos anos recentes há uma tendência ao retorno à tipologia e ao desmembramento.

A RECONSTRUÇÃO CLÁSSICA

A visão clássica da antropologia de meados do século XX sobre a evolução dos hominídeos era a seguinte: os seres humanos se originaram na África, e tal conclusão é universalmente aceita no presente. Com efeito, nem um único fóssil hominídeo de mais de 2 milhões de anos foi encontrado fora da África. Os primeiros fósseis africanos, como que intermediários entre chimpanzés e *Homo*, foram chamados de australopitecinos, de acordo com o primeiro achado, o *Australopithecus africanus* sul-africano. Até poucos anos atrás, nosso conceito dos australopitecinos se baseava exclusivamente nos fósseis encontrados a partir de 1924 no Leste da África (Etiópia e África do Sul). A imagem que se formou a seguir representava o conceito clássico dos australopitecinos, tal como derivado do estudo dos australopitecinos leste-africanos. Como acontece com freqüência na história da paleoantropologia, um novo e surpreendente fóssil, *Sahelanthropus*, encontrado recentemente na África central (Brunet et al., 2002), está exigindo que a história dos australopitecinos seja reescrita. Abstive-me de fazer isso porque o próximo achado poderia exigir uma nova revisão drástica. O que apresento aqui é o quadro que tínhamos antes da descoberta do *Sahelanthropus*. No entanto, num curto apêndice vou descrever os traços diagnósticos característicos desse mais antigo fóssil hominídeo.

Os australopitecinos, devido ao fato de serem bípedes, foram considerados mais próximos do *Homo* que os chimpanzés, apesar de seus cérebros pequenos. No conjunto completo de suas características, porém, eles me parecem estar mais próximos dos chimpanzés. Por exemplo, em seus hábitos: apesar de bípedes, eram predominantemente arborícolas. Tinham forte dimorfismo sexual, com os machos pelo menos 30% maiores que as fêmeas. Seus cérebros, com cerca de 450 centímetros cúbicos, não chegavam a ser maiores que os de chimpanzés, e seu tamanho mal chegou a aumentar em mais de 4 milhões de anos de existência. Enquanto chimpanzés e gorilas vivem na floresta úmida tropical, os australopitecinos viviam nas árvores das savanas. O período durante o qual fósseis de australopitecinos são encontrados abrange de cerca de 6 a 2,5 milhões de anos atrás. Alguns australopitecinos tardios, particularmente robustos, são encontrados ainda há 1,9 milhão de anos.

Duas linhagens de australopitecinos evoluíram na África oriental, entre a Etiópia e a África do Sul, uma delgada (*afarensis-africanus*) e uma robusta (*robustus-boisei*). As duas linhagens são amplamente simpátricas na África do Sul e também na África oriental.

Embora vários fósseis hominídeos tenham sido encontrados

no período de 4 a 6 milhões de anos atrás, quando se pode postular que a transição de chimpanzé a *Australopithecus* tenha ocorrido, nenhum deles se encontra no esperado estágio intermediário entre os dois táxons. Havia aparentemente uma boa dose de variação geográfica naquele tempo, e precisamos de uma análise muito mais minuciosa desses fósseis; precisamos também de mais fósseis. Não há, porém, dúvida de que o *Australopithecus* é o elo intermediário entre chimpanzés e *Homo*. [Ver adiante uma avaliação do *Sahelanthropus*.]

Essa história evolutiva simplificada dos hominídeos precisa ser revisada e expandida por duas razões: para um registro fóssil enriquecido e uma interpretação mais imaginativa de seu ambiente, particularmente das mudanças climáticas.

O PASSO DE *AUSTRALOPITHECUS* PARA *HOMO*

Os fósseis mais antigos de *Homo*, *Homo rudolfensis* e *Homo erectus*,* estão separados dos *Australopithecus* por uma grande lacuna. Como explicar esse salto aparente? Sem dispor de fósseis que possam entrar como os elos faltantes, temos de recorrer ao método consagrado da ciência histórica: a construção de uma narrativa. Temos de lançar mão de todas as pistas concebíveis para construir um cenário provável e depois testar essa explicação diante de todas as evidências disponíveis. Ao reconstruir o clima e a vegetação do período de transição, podemos de fato descobrir vários fatores que foram negligenciados no passado. E devemos empregar o método favorito de Darwin: fazer perguntas. Ocorreu alguma mudança climática no período de transição? Que efeito isso teria na vegetação? Quais são as inovações cruciais na anato-

*Estou entre os que incluem o *Homo habilis* no gênero *Australopithecus*.

mia do *Homo*? Por que o dimorfismo sexual é reduzido no *Homo*? Tentarei responder essas perguntas e várias outras adicionais. Leitores que não estejam familiarizados com o método das narrativas históricas poderão perguntar-se por que deveriam acreditar nisso, se não passa de especulação. Sim, é possível chamar isso de especulação, mas essa denominação ignora que meu cenário se baseia em evidências cuidadosamente ponderadas. E, por permitir verificação por inferências alternativas, é um método dos mais heurísticos. Fornece um cenário "mais provável", que sugere questões novas, as quais de outra maneira talvez nem viessem a ser consideradas.

Não apresentarei aqui uma versão detalhada dos últimos desenvolvimentos, por ter publicado recentemente um relato completo dessa história em outra parte (Mayr, 2001). O que apresento, em seu lugar, é um tratamento abreviado e um tanto revisado.

MUDANÇAS NO CLIMA E NA VEGETAÇÃO

O motor decisivo da evolução humana, ao que tudo indica, foi uma série de mudanças climáticas. O Mioceno e o Plioceno foram períodos de aridez crescente na África. Esse período de secas teve provavelmente o seu auge por volta de 2 milhões de anos atrás. À medida que a África se tornava mais árida, as árvores da savana sofriam e morriam, cada vez mais, e a savana arborizada aos poucos se transformou numa savana arbustiva. A mortalidade das árvores privou os australopitecinos de seu refúgio de segurança. Eles ficaram inteiramente sem defesas nos locais onde não havia árvores. Eram ameaçados por leões, leopardos, hienas e cachorros selvagens, todos eles corredores mais velozes. Os australopitecinos não tinham armas como chifres ou caninos poderosos, nem força para lutar com sucesso com nenhum de seus inimigos potenciais. Presume-se que a maioria dos australopitecinos tenha perecido nas centenas de milhares de anos dessa mudança de vegetação. Houve duas exceções. Algumas savanas arborizadas em locais especialmente favoráveis parecem ter retido suas árvores, e australopitecinos como o *Australopithecus habilis* e as duas espécies robustas (*Paranthropus*), sobreviveram aí por algum tempo. Mais importante, algumas populações australopitecinas evoluíram para o *Homo* e se adaptaram à savana arbustiva e seus habitantes carnívoros.

COMO OS AUSTRALOPITECINOS CONSEGUIRAM ADAPTAR-SE À SAVANA ARBUSTIVA?

Para os australopitecinos, a savana arbustiva era um ambiente bem hostil. Carentes das defesas normais (velocidade, força, dentes poderosos) para dar conta de grandes carnívoros, o que teria permitido que os australopitecinos vivessem num ambiente sem árvores ocupado por leões e hienas? A única resposta possível é engenhosidade. Os sobreviventes podem ter atirado pedras, podem ter usado longas varas, como alguns chimpanzés na África ocidental, ou podem ter brandido galhos espinhentos e talvez até usado instrumentos que fazem ruído, como tambores. No entanto, o fogo foi seguramente a sua melhor defesa. É bem possível que a descoberta do fogo tenha sido o passo mais importante na evolução do *Homo*. Sem poder dormir em ninhos nas árvores, eles muito provavelmente dormiam em acampamentos protegidos por fogo. Foram também os primeiros hominídeos a fabricar ferramentas de pedra lascada e é concebível que tenham usado lascas mais pontiagudas para confeccionar lanças. O fato é que alguns australopitecinos, já em evolução para *Homo*, sobreviveram e acabaram por se fortalecer. O bipedalismo arborícola dos australopitecinos evoluiu para o bipedalismo terrestre do *Homo*. Os braços encurtaram e as pernas se alongaram. Mas o que a seleção premiou mais do que qualquer outra coisa durante essa transição para o novo e inóspito ambiente, a savana arbustiva, foi a engenhosidade, o poder cerebral. E, com efeito, o crescimento no tamanho do cérebro (de 450 para setecentos-novecentos centímetros cúbicos) foi a característica mais saliente do novo gênero *Homo*. Nas suas características físicas (exceto o bipedalismo), como cérebros pequenos, dimorfismo sexual e modo de vida, os *Australopithecus* ainda eram chimpanzés. Na longa evolução de chimpanzé para *Homo*, o passo decisivo de hominização foi de *Australopithecus* para *Homo* (ver abaixo).

MUDANÇAS NA DIETA

A mudança de hábitat de floresta úmida (chimpanzés) para a savana arborizada exigiu, presumivelmente, uma considerável mudança na dieta. Árvores com frutos tropicais moles eram muito mais raras no novo hábitat, assim como plantas com folhagem exuberante e caules tenros. Obviamente, a comida dos australopitecinos na savana arborizada era mais áspera. Pode-se presumir que consistisse em uma grande quantidade de tubérculos subterrâneos, mas esse é um alimento difícil. É interessante que a espessura do esmalte dos dentes responda bem rápido a pressões evolutivas, e com efeito o esmalte dos dentes australopitecinos (sobretudo os incisivos) é mais espesso que o de chimpanzés. Quando os australopitecinos se tornaram mais adaptados à savana arbustiva e a sua comida ainda mais áspera, com a provável inclusão de muitos alimentos do tipo dos tubérculos, seria de esperar que no *Homo* o esmalte fosse ainda mais espesso. Mas, para espanto de todos, não foi o que se encontrou. Os *Homo* têm esmalte mais fino que o de australopitecinos.

Como se pode explicar esse achado aparentemente contraditório? Qual foi a comida mole para a qual se voltou o *Homo*? Duas respostas (não mutuamente excludentes) foram apresentadas para essa questão. De acordo com uma delas, os *Homo* viraram carnívoros. Conseguiam apoderar-se de carcaças apenas parcialmente consumidas de vítimas recentes dos carnívoros, um claro exemplo de alimento mole. Fogo é a outra explicação. Ele permitiu cozer e assar partes duras de plantas e expandiu enormemente a quantidade de comida disponível. O resultado dessa dieta enriquecida foi um rápido aumento no tamanho do corpo. Os australopitecinos delgados tinham cerca de 1,35 metro de altura e pesavam em torno de cinqüenta quilos, enquanto os neandertais tinham por volta de 1,62 metro de altura e pesavam cerca de 65 quilos.

AUMENTO DO TAMANHO DO CÉREBRO

O tamanho do cérebro era estável nos australopitecinos. Em mais de 2 milhões de anos ficou em torno de 450 centímetros cúbicos, na média apenas muito ligeiramente maior que o de chimpanzés. No entanto, a mudança para a savana arbustiva resultou quase numa duplicação do tamanho do cérebro, para setecentos-novecentos centímetros cúbicos num período de cerca de meio milhão de anos. No entanto, isso provavelmente teve início em uma alospécie na África central, ocidental ou setentrional. Ao final, alcançaria 1350 centímetros cúbicos no *Homo sapiens*.

MUDANÇAS NO RECÉM-NASCIDO

Para atingir o tamanho muito aumentado do cérebro adulto do *Homo*, o crescimento do cérebro tinha de ser acelerado desde os primeiros estágios embrionários. Mas isso causava novas dificuldades durante o nascimento da criança. A postura vertical impôs um limite para o tamanho do canal do parto na mãe. A cabeça do recém-nascido não poderia exceder certo tamanho, e parte do crescimento do cérebro da criança, portanto, teve de ser postergado para o período pós-parto. Em outras palavras, a criança tinha de nascer prematuramente. À medida que o crescimento do cérebro era cada vez mais postergado para a época pós-parto, o recém-nascido se tornava crescentemente imaturo e indefeso. Um bebê humano leva cerca de dezessete meses para alcançar a agilidade e a independência de um bebê chimpanzé. Esses bebês "prematuros" necessitam de uma espessa camada de gordura subcutânea, como proteção contra resfriamento, e isso, simultaneamente, torna os pêlos desnecessários e inconvenientes. É por isso que os bebês humanos são pelados, comparados com os peludos filhos dos chimpanzés e gorilas. Na criança humana, boa parte do crescimento do cérebro é adiado para depois do nascimento e, com isso, o tamanho do cérebro quase dobra no primeiro ano de vida.

EXTENSÃO DO CUIDADO MATERNAL

Como os recém-nascidos eram cada vez mais prematuros, a seleção para cuidado maternal crescente se tornou mais forte. Felizmente, as mães já não precisavam mais de seus braços para agarrar galhos de árvores, em um modo de vida arborícola (Stanley, 1998). À medida que o período de gravidez se alongava, e como as mães também carregavam seus filhos por muito tempo após o parto, a força das fêmeas foi sendo cada mais necessária, e o dimorfismo sexual declinou. Em lugar de machos serem 50% mais pesados que as fêmeas, como nos australopitecinos, a diferença se reduziu, no *Homo,* para 15%.

A GEOGRAFIA DA EVOLUÇÃO HOMINÍDEA

A paleontologia e a antropologia clássicas só conheciam uma dimensão, a do tempo. O *Australopithecus afarensis* (3,9-2,8 milhões de anos atrás), da África oriental, era mais velho que o *A. africanus* (2,8-2,3 milhões de anos atrás), da África do Sul. Espécies diferentes, como *A. afarensis* e *A. africanus*, e *Australopithecus boisei* e *Australopithecus robustus*, eram preferencialmente colocados na mesma linhagem filética. Nunca era enfatizada sua localização geográfica. Isso ignorava o fato de que a grande maioria dos gêneros de primatas, tanto na América do Sul quanto na África-Ásia, contêm superespécies com alospécies geograficamente representativas. Nos hominídeos, *A. afarensis* e *A. africanus*, assim como *A. boisei* e *A. robustus*, são presumivelmente alospécies. A nova espécie do Chade (*Sahelanthropus tchadensis*) é com certeza uma alospécie diferente do *A. afarensis* (Brunet et al., 2002). Nos poucos anos entre 1994 e 2001, nada menos que seis novos fósseis hominídeos foram descobertos. Sua classificação taxonômica correta será consideravelmente facilitada se a sua localização geográfica for tratada como uma característica taxonômica importante.

A INCOMPLETUDE DOS FÓSSEIS

A variedade de fósseis hominídeos, particularmente os mais antigos, cria novas dificuldades para sua interpretação. Nada menos que quatro novos candidatos a gêneros de hominídeos fósseis foram descritos nos últimos dez anos, a maioria a partir de espécimes únicos. Serão as características diagnósticas desses fósseis encontradas também em espécimes futuros, ou elas não são plenamente diagnósticas?

As dificuldades criadas pela fragmentação do material são

documentadas pelo crânio do *Sahelanthropus tchadensis.* Não há ossos longos; assim, não se sabe se o *S. tchadensis* era bípede. Portanto, esse fóssil deve ser comparado não só com australopitecinos, mas também com macacos africanos (chimpanzés e gorilas). Com base em seus genes, os seres humanos são claramente parentes muito próximos dos chimpanzés. Portanto, seria de esperar que os *S. tchadensis* fossem muito similares a chimpanzés, mas não são. Eles têm muitas características que não seriam de esperar num ancestral comum de seres humanos e chimpanzés. Há a enorme arcada supra-orbital, mais espessa do que no consideravelmente mais encorpado gorila macho. O *foramen magnum*, por onde sai a medula espinhal, está situado um pouco mais à frente do que em chimpanzés, sugerindo algum bipedalismo. O focinho, abaixo do nariz, não se projeta tanto quanto no chimpanzé ou no *Australopithecus*, parecendo-se portanto mais com o do *Homo.* Os dentes incisivos são semelhantes aos do chimpanzé, mas os caninos são pequenos. A caixa craniana tem o tamanho da de um chimpanzé, porém é mais baixa e estreita. Os dentes molares são maiores e têm esmalte mais espesso que no chimpanzé — eis aí uma relação da mistura algo inesperada de características do *S. tchadensis.*

O *S. tchadensis* é um belo exemplo da evolução em mosaico. Cada característica do crânio parece ter evoluído mais ou menos independentemente das outras. Muito mais material será necessário antes que possamos entender a evolução dos primeiros australopitecinos. O *S. tchadensis* pertence, ao que parece, a uma alospécie diferente do ancestral *A. afarensis.* A indicação de bipedalismo e a estrutura dentária mais robusta sugerem que o *S. tchadensis* (6-7 milhões de anos) não era um habitante da floresta úmida, mas já havia adquirido algumas adaptações para a savana arborizada.

É realmente de surpreender o grau de detalhamento que já temos da evolução dos hominídeos. A biologia molecular estabeleceu de modo irrefutável o parentesco próximo entre *Homo* e chimpanzés. É evidente que os ancestrais hominídeos variavam geograficamente, mas, como não há material disponível ou suficiente das diferentes alospécies, é impossível inferir as conexões entre as várias linhagens filéticas. Com a evolução em mosaico aparentemente campeando, tal informação talvez não acrescente muita coisa à nossa compreensão da evolução da espécie humana.

A evolução gradual de chimpanzé para *Homo* incluiu dois passos principais. O primeiro, do chimpanzé da floresta úmida para o semichimpanzé *Australopithecus* da savana arborizada, pode ter consumido mais de meio milhão de anos e ocorrido em vários minipassos. Pode ter compreendido cerca de 20 mil gerações; procedeu, portanto, com um gradualismo darwiniano. O segundo passo, do *Australopithecus* que habitava a savana arborizada para o *Homo* da savana arbustiva, pode ter sido consideravelmente mais rápido, mas foi também populacional e, assim, gradual (Wrangham, 2001).

Os taxonomistas tiveram de decidir como classificar o *Australopithecus*. Quando ele apareceu em 1924, decidiu-se, após longa controvérsia, que o *Australopithecus* estava mais próximo do *Homo* que do chimpanzé — em outras palavras, que era um hominídeo. Tal decisão foi amplamente baseada na sua locomoção bípede. Pensava-se que a aquisição da postura vertical era o passo mais importante na evolução dos hominídeos, porque implicava a liberação das mãos para o uso de ferramentas. Mas, desde então, ficamos sabendo do uso extensivo de ferramentas por chimpanzés e da completa estase do tamanho do cérebro nos mais de 3 milhões de anos de existência dos australopitecinos. Os australopitecinos clássicos tinham o mesmo tamanho cerebral de chimpanzés (cerca de 450 centímetros cúbicos). Com efeito, exceto pelo bipedalismo parcial (pois viviam ainda predominantemente nas árvores), os australopitecinos eram chimpanzés. O passo decisivo do hominídeo foi de *Australopithecus* para *Homo*.

Não compreendemos ainda por inteiro a natureza e a variação do estágio na evolução humana representada pelo *Australopithecus* e seus parentes. Dois novos desenvolvimentos são necessários. Primeiro, precisamos de uma análise muito detalhada dos fósseis "hominídeos" descobertos nos últimos dez anos. Até o momento, a maioria deles apenas recebeu nomes e uma descrição mínima. Depois, e mais importante, precisamos de mais fósseis, particularmente de outras partes da África além do Leste e do Sul. Se esses fósseis algum dia forem descobertos, minha expectativa é que venham a exigir uma revisão considerável do quadro clássico da evolução humana.

APÊNDICE

O mais antigo fóssil hominídeo, *Sahelanthropus*, foi descoberto em 1997 na região desértica do Chade, África central, a cerca de 2500 quilômetros da Grande Fossa Africana. Foi encontrado em associação com 42 táxons de mamíferos fósseis. Esses fósseis, alguns também conhecidos de outras localidades africanas, permitem datar o sítio no Chade em 6-7 milhões de anos (Mioceno Superior). Tal data se aproxima daquela inferida para a separação da linhagem hominídea em relação à linhagem dos chimpanzés. Seria de esperar que um fóssil hominídeo nesse quadrante de idade fosse um intermediário entre australopitecinos e chimpanzés. Para surpresa de todos, porém, não foi isso que o *Sahelanthropus* se revelou. Não é um australopitecino com um aumento de características de chimpanzés, mas uma mistura única de características muito primitivas (cérebro pequeno num corpo pequeno) e características hominídeas (como caninos pequenos) e algumas características que não são encontradas nem em hominídeos nem em chimpanzés (a enorme arcada supra-orbital). É um exemplo extremo de evolução em mosaico.

Como explicar essa combinação de características em um fóssil hominídeo de 6-7 milhões de anos? Como o *Sahelanthropus* se encaixa na filogenia hominídea? A solução mais simples, mas não necessariamente a mais provável, seria considerar o *Sahelanthropus* uma das alospécies australopitecinas. No entanto, ela é bastante diversa das alospécies leste-africanas de *A. africanus* para que possa pertencer a uma superespécie diferente. Com sua combinação de características, está tão qualificado para ser o ancestral do *H. erectus* quanto o *A. africanus*. Num mapa recente (Mayr, 2001: fig. 11.3), sugeri a possibilidade de que o *Homo* tenha descendido de uma espécie de australopitecinos do Norte ou do Oeste da África (e não do Leste). No entanto, tudo não passará de adivinhação até que mais fósseis sejam encontrados.

12. Estamos sozinhos neste vasto universo?

Seres humanos vêm fazendo essa pergunta há mais de 2 mil anos, especulando onde poderiam estar esses outros mundos, e a questão permanece viva. No momento existem vários dispositivos em operação na escuta por sinais de extraterrestres de outros planetas. Tal atividade é conhecida como busca por inteligência extraterrestre (Seti).* Para simplificar a discussão, refiro-me àqueles que acreditam na existência de extraterrestres e que tentam comunicar-se com eles como *setianos*. A maioria dos setianos é composta por físicos e astrônomos. As especulações dos biólogos são mais modestas. Com poucas exceções, eles não perguntam "se há outras criaturas semelhantes a seres humanos em outros mundos", mas simplesmente "se há outra vida em algum lugar do universo". Os setianos vêm empregando radiotelescópios por mais de vinte anos, não se desencorajando com a ausência de quaisquer indicações em seus registros que possam ser interpretadas como sinais de extraterrestres. Seus opositores acreditam que as evidên-

* Seti é a sigla em inglês para *search for extraterrestrial intelligence*. (N. T.)

cias contrárias à possibilidade de sucesso nessa empreitada são avassaladoras e que não é mais razoável continuar com a Seti.

QUAL A RAZÃO DA LONGEVIDADE DA DISCUSSÃO ENTRE SETIANOS E SEUS OPONENTES?

Ao me envolver na leitura dessa literatura volumosa, fui de repente assaltado pela percepção de que duas questões muito diversas apareciam constantemente confundidas na controvérsia:

(1) Qual a probabilidade de existir vida em algum outro lugar do universo?

(2) Qual a chance de comunicação com extraterrestres?

Qual a probabilidade de existir vida em algum outro lugar do universo?

A resposta a essa primeira questão depende de várias condições. Antes de mais nada, precisamos definir o que entendemos por "vida". Quando leigos falam de vida no universo, em geral querem dizer extraterrestres semelhantes a seres humanos. Donald Menzel, eminente e já falecido astrônomo de Harvard, se divertia fazendo esboços da vida que poderíamos encontrar em Marte. Todos eram versões da espécie humana, mas alguns eram verdes, outros tinham algumas extremidades adicionais etc. Em contraste, quando biólogos falam de vida eles pensam em complexos moleculares. Isso, obviamente, envolve decidir o que é vida. Eu aceito uma definição ampla: a vida precisa ser capaz de replicar-se e fazer uso de energia ou do Sol ou de certas moléculas disponíveis, como sulfetos em fontes termais no mar profundo. Esse tipo de vida consistiria em bactérias ou mesmo em agregados moleculares ainda mais simples. Biólogos especializados nesse campo tendem a achar que é extremamente provável o surgimento repetido desse tipo de vida em planetas por todo o universo. Com efeito, há uma boa quantidade de sugestões na literatura sobre como uma combinação de carbono, oxigênio, hidrogênio, nitrogênio e alguns outros elementos amplamente disponíveis no universo poderia produzir vida de forma espontânea, sob condições ambientais apropriadas (temperatura, pressão etc.).

O UNIVERSO É PROPÍCIO PARA A VIDA? Os setianos e seus opositores concordam que condições propícias para o surgimento da vida e para a vida inteligente só podem ser encontradas em planetas. Com efeito, entre os nove planetas solares, não só a Terra, mas também dois outros planetas, (Vênus e Marte) ao que tudo indica, foram propícios para a vida em algum estágio de seu desenvolvimento, presumivelmente uma forma de vida de tipo bacteriano. Se houver bilhões de planetas e um quinto deles (mais ou menos) tiver condições propícias para a vida, então é certo que a disponibilidade de planetas não seria problema para o surgimento da vida. Assim, setianos pioneiros deram como certa uma disponibilidade abundante de planetas propícios. No entanto, estudos recentes indicaram que planetas solares podem ser um tanto excepcionais. Em todos os cálculos sobre a probabilidade de vida no universo, agora é preciso considerar a raridade dos planetas propícios à vida (Burger, 2002). De fato, parece haver algumas etapas difíceis entre o Big Bang e o surgimento de um planeta propício.

QUAL A DIFICULDADE DO SURGIMENTO DA VIDA NA TERRA? Provavelmente não muito grande, considerando a abundância das moléculas necessárias na Terra jovem. Tal conclusão é confirmada pela rapidez com que a vida surgiu sobre a Terra depois que ela se tornou habitável. Infere-se que as condições apropriadas para a vida na Terra tenham sido alcançadas por volta de 3,8 bilhões de anos atrás. Os primeiros fósseis de bactérias são encontrados em depósitos de 3,5 bilhões de anos. Se postularmos que pode ter levado 300 milhões de anos para a evolução das modernas bactérias, a partir da primeira origem da vida, isso significaria que a vida surgiu logo depois que a Terra se tornou habitável.

Alguém pode concluir que o surgimento da vida na Terra foi bem fácil, já que aconteceu tão rápido. No entanto, se fosse tão fácil, por que não apareceram várias formas para satisfazer a larga definição de vida que aceitamos, mas somente uma? O código genético de todos os organismos que hoje vivem na Terra, até a mais simples das bactérias, é idêntico, com poucas exceções, e isso — dada a natureza arbitrária do código — é evidência convincente de que toda a vida que hoje existe na Terra teve uma origem única.

Considerando a facilidade com que a vida aparentemente surgiu na Terra, seria possível postular que ela surgiu em milhões de planetas. Se foi assim, como essa outra vida difere da que hoje é encontrada na Terra? Será que teve em algum ponto o potencial para desenvolver alta inteligência? Temo que nunca venhamos a saber. E aqui eu já toco no problema fundamental da busca pela vida no universo. Como poderemos descobrir se há vida — no sentido mais amplo da palavra — em algum outro lugar do universo se essa vida não tiver uma civilização eletrônica que lhe permita comunicar-se conosco?

Mesmo assim, podemos agora responder nossa primeira pergunta. Sim, há uma alta probabilidade de existência de outra vida, no sentido mais amplo, em algum outro lugar do universo. Infelizmente, não dispomos no presente de meios para descobrir se essa vida de fato existe ou existiu num planeta além do sistema solar.

O que não consigo entender é por que os setianos procuram traços de vida com tanta determinação. Encontrá-la seria um acidente muito improvável. A busca, portanto, será presumivelmente infrutífera. Isso nada provará, porque a vida poderia de fato existir em algum outro lugar, mas estar inacessível à nossa busca. Se a vida, na forma de organismos similares a bactérias, for de repente encontrada, isso nos diria muito pouco. Sim, arranjos moleculares vivos poderiam surgir ocasionalmente. E daí? Será que isso vale centenas de milhões de dólares, como a recente e desafortunada sonda enviada a Marte? Duvido. O dinheiro poderia ter sido gasto de maneira muito mais eficaz na pesquisa da diversidade em rápida desaparição das florestas úmidas tropicais da Terra. Mas essa tarefa urgente é negligenciada em favor da possível descoberta de algumas bactérias fósseis em Marte. Será que não deveríamos organizar uma busca por inteligência *terrestre*?

Qual a chance de comunicação com extraterrestres?

Em quase todos os livros e trabalhos publicados sobre vida no universo, os autores começam com uma pergunta muito simples: existe vida fora da Terra? Mas logo em seguida fica muito claro que os setianos não dão a mínima para a possibilidade de existirem organismos primitivos, similares a bactérias, em outros planetas. O que eles realmente querem saber é se há organismos extraterrestres com os quais possamos nos comunicar. Mas isso é, por certo, muito diferente de querer saber se a vida simplesmente existe em algum outro lugar.

O projeto para entrar em contato com tais organismos, Seti, é apoiado primeiramente por cientistas físicos. O pensamento determinista é bem comum em suas ciências, nas quais as leis cumprem uma importante função. Tais setianos parecem presumir que, uma vez surgida a vida em algum lugar, no devido tempo ela inexoravelmente evolui para vida inteligente. Biólogos não estão dispostos a dar esse salto. É por isso que só alguns biólogos superotimistas estão dispostos a apoiar o projeto Seti.

Os setianos estão diante de um problema dificílimo. Como podem determinar se há vida num planeta muito distante? Eles logo se deram conta de que, no momento presente, só existe uma possibilidade: que tal forma de vida tenha produzido organismos superiores, que puxem mais para o tipo humano e tenham desenvolvido uma civilização eletrônica. Se tiverem o mesmo impulso que nós, o de descobrir se há vida em algum outro lugar do universo, enviarão sinais eletrônicos para entrar em contato conosco. Se montarmos grandes radiotelescópios e registrarmos com cuidado todos os "ruídos" aparentes gravados por essa instrumentação, isso necessariamente incluirá quaisquer sinais que os extraterrestres tenham enviado. Tal busca, é óbvio, só descobriria membros superinteligentes de uma civilização eletrônica, entre os bilhões de formas de vida possíveis.

O raciocínio dos setianos está baseado na presunção de que, nos muitos lugares em que a vida tenha surgido, ela acabaria por levar ao surgimento da alta inteligência. Presumem que a seleção natural tenha estabelecido um prêmio tão alto pela inteligência que ela seria produzida em muitos lugares do universo. Carl Sagan dizia: "Mais inteligente é melhor" [*Smarter is better*]. Bem, será que é mesmo? Cerca de 1 bilhão de espécies de organismos surgiram na Terra desde o início da vida (Mayr, 2001). Se Sagan estivesse certo, milhões delas deveriam ter alta inteligência. No entanto, como sabemos, tal faculdade se manifestou na Terra só uma vez. Todo evolucionista sabe como a seleção natural é frutífera na produção das adaptações necessárias. Estruturas fotorreceptoras (olhos) foram adquiridas de modo independente pelo menos quarenta vezes no reino animal. Ou, para dar outro exemplo, a bioluminescência evidentemente também contribui muito para o sucesso adaptativo e, como resultado, surgiu de maneira independente 26 vezes no mundo vivo. Devemos concluir que, se a alta inteligência tivesse um valor adaptativo tão elevado quanto o de olhos ou bioluminescência, teria emergido em numerosas linhagens do reino animal. Na realidade, ocorreu apenas em uma única entre milhões de linhagens, a estirpe hominídea. Todos os outros mamíferos com algum grau de inteligência têm cérebros relativamente grandes, mas nada que se aproxime do tipo de inteligência que permitiria a esses organismos desenvolver uma civilização.

Existem inúmeras maneiras de demonstrar como é extremamente improvável a aquisição de alta inteligência. Evolução é ramificação. Cada ramo da árvore evolutiva se divide em vários ramos menores, e cada um deles tem a opção de produzir alta inteligência entre seus descendentes. Isso começa com centenas ou milhares de espécies de bactéria, seguidas pelos mais primitivos e pioneiros organismos eucariotos que têm um núcleo, mas a maioria deles unicelulares. Existem de oitenta a cem filos de tais eucariotos unicelulares (protistas), em princípio todos eles com a opção de algum dia produzir alta inteligência. Mas apenas um deles de fato o fez. Os eucariotos superiores consistem nos três reinos de plantas, fungos e animais, de novo todos potencialmente com a opção de produzir uma linhagem com alta inteligência, de acordo com o princípio de Sagan de que "mais inteligente é melhor". Mas apenas um dos cinqüenta a oitenta filos de animais produziu os vertebrados, os hominídeos e, afinal, o *Homo sapiens*. Não há nada de determinista na evolução e na produção de alta inteligência. A vida surgiu na Terra cerca de 3,8 bilhões de anos atrás. A linhagem que daria nos hominídeos se desenvolveu por volta de 300 milhões de anos depois da origem da vida, e a alta inteligência, menos de 300 mil anos atrás. Isso mostra como era infinitesimal a chance de isso ocorrer.

Cálculos similares feitos por Diamond (1992) conduziram à mesma conclusão de uma probabilidade incrivelmente baixa para o aparecimento de inteligência extraterrestre.

OS EXTRATERRESTRES SERIAM CAPAZES DE ENVIAR SINAIS? Vamos presumir, para efeito de argumentação, que o totalmente improvável de fato aconteceu e que um organismo similar ao ser humano e com cérebro grande tenha evoluído em algum planeta. Qual seria a chance de que pudéssemos nos comunicar com tais extraterrestres? Para obter sucesso, várias condições teriam de ser satisfeitas. Antes de mais nada, eles precisariam ter órgãos de sentidos similares aos nossos. Se a sua civilização fosse baseada em estímulos olfativos ou acústicos, eles jamais pensariam em enviar mensagens eletrônicas. Isso desqualificaria de imediato a maior parte da vida na Terra. Aqui neste planeta, por vários milhões de anos tivemos legiões de caçadores-coletores superinteligentes, mas eles jamais teriam construído radiotelescópios, porque isso exige a existência de uma civilização eletrônica. Rudimentos de inteligência são encontrados, na Terra, entre pássaros (corvos, papagaios) e em várias ordens de mamíferos (primatas, golfinhos, elefantes, carnívoros), mas em nenhum desses casos a inteligência se desenvolveu o suficiente para fundar civilizações.

Mesmo assim, podemos perguntar: toda civilização seria capaz de comunicação extraterrestre? A resposta, claramente, é não. Na Terra, desde o surgimento do *Homo sapiens*, já tivemos cerca de vinte civilizações, a começar pela do vale do rio Indus e pela suméria, várias outras no Oriente Próximo, as civilizações grega e romana, desde a queda de Roma à civilização européia, as três civilizações americanas e as várias civilizações chinesas e indianas. Elas vieram e se foram sem produzir civilizações eletrônicas.

Algo de particularmente característico de civilizações é a sua curta expectativa de vida. Muitas duraram menos de mil anos e nenhuma sobreviveu vários milhares de anos. Se houve planetas com civilizações eletrônicas e estas tiverem enviado antes de 1900 sinais para a Terra em sua curta existência, digamos algo como mil, 1500 ou 1900 anos, ninguém na Terra teria ficado sabendo de seus sinais, porque isso teria ocorrido antes do início de nossa civilização eletrônica.

CONCLUSÃO

Discuti aqui toda uma série de fatores, cada um dos quais torna a possibilidade de comunicação com seres extraterrestres altamente improvável. E, quando se multiplicam tais improbabilidades umas pelas outras, encontra-se uma improbabilidade de dimensões astronômicas. Os radiotelescópios dos setianos só alcançam uma pequena fração da galáxia solar, com um número limitado de planetas. Para nós é irrelevante se pode haver vida, até mesmo vida inteligente, em algum lugar do universo infinito que esteja inacessível para nós. E tenhamos sempre em mente que "vida no universo" não significa humanóides com inteligência humana e uma civilização eletrônica, mas qualquer coisa coberta pela definição de "vida".

Glossário

Agamospécie. Uma espécie assexuada. Uma espécie que não se reproduz sexuadamente. Um grupo de indivíduos semelhantes que se reproduzem clonalmente.

Alelo. Qualquer expressão (estado) alternativa de um gene.

Alopátrico. Diz-se de populações ou de espécies que ocupam distribuições geográficas mutuamente excludentes.

Alospécie. Uma espécie componente de uma superespécie. Diferentes alospécies de uma mesma superespécie em geral têm distribuições geográficas mutuamente excludentes.

Anagênese. Mudança evolutiva em uma linhagem filogenética única.

Análise. A dissecação de uma entidade ou um sistema maior em seus componentes, os quais podem então ser estudados mais facilmente. Não deve ser confundida com redução.

Apomórfico. Relativo a uma característica que evoluiu (= derivou) novamente.

Archaea (*arqueobactérias*). Um grupo de procariotos, do qual se infere que tenha sido importante na origem dos eucariotos.

Australopitecino. Hominídeo bípede fóssil, do qual se originou o [gênero] *Homo*. Intermediário entre chimpanzés e *Homo*.

Biota. A flora e a fauna de uma região.

Bípede. Que anda sobre duas pernas.

Brotamento. A origem de um novo ramo lateral de uma linhagem filética por especiação e subseqüente entrada dessa espécie e seus descendentes em um novo nicho ou zona de adaptação, resultando em um novo e distinto táxon superior.

Cartesianismo. Uma filosofia da biologia puramente mecanicista, baseada nos escritos do filósofo francês Descartes.

Cladística. O ordenamento de espécies em classes (clados) com base no "caráter recente da descendência comum" — isto é, com base no ponto de bifurcação mais recente da filogenia inferida.

Cladogênese. A origem e a multiplicação de espécies e de táxons superiores.

Classificação descendente. Classificação que parte da maior classe para baixo, usando o princípio da divisão lógica.

Clone. Rebento derivado, por reprodução assexuada, de um único indivíduo produzido sexuadamente.

Conceito Biológico de Espécie (CBE). Define espécies como grupos de populações naturais capazes de entrecruzamento que estão reprodutivamente (geneticamente) isolados de outros grupos similares.

Conceito tipológico de espécie. Conceito que considera uma população ou um grupo de populações como uma espécie quando seu fenótipo é diferente o bastante do de outras populações.

Crescimento alométrico. Padrão de crescimento no qual diferentes partes do corpo crescem a taxas diferenciadas.

Cromossomo. Corpo no núcleo da célula que contém DNA e é fortemente sensível a corante.

Cronospécie. Parte de uma linhagem filética que difere fenotipicamente de outras porções dessa linhagem que se sucedem de forma seqüencial.

Deme. População local de uma espécie; a comunidade de indivíduos de uma espécie potencialmente capazes de entrecruzamento em dada localidade.

Dendrograma. Esboço em diagrama na forma de uma árvore, com o objetivo de indicar grau de relacionamento evolutivo.

Determinismo. Crença de que o termo da maioria dos processos na natureza inanimada é estritamente determinado por leis naturais.

Eidos. Termo de Platão para a essência imutável de um fenômeno ou um processo naturais.

Eletroforese. Processo para separar moléculas diferentes, em particular proteínas (polipeptídeos), de acordo com suas taxas diferenciais de migração num campo elétrico.

Emergentismo. A visão segundo a qual totalidades compostas podem ter propriedades não evidentes em seus componentes separados.

Equilíbrios pontuados. Alternância, numa linhagem filética, de mudanças evolutivas extremamente rápidas e outras normais ou lentas.

Especiação. Processo evolutivo que conduz à multiplicação de espécies.

Especiação alopátrica. Evolução de uma população para uma espécie separada, envolvendo um período de isolamento geográfico.

Especiação dicopátrica. Origem de uma nova espécie pela divisão da espécie parental, por barreira geográfica, de vegetação ou outra barreira extrínseca.

Especiação peripátrica. Origem de uma nova espécie por brotamento de uma espécie parental, que pode prosseguir mais ou menos inalterada; obtenção de status de espécie por descendentes de uma população fundadora estabelecida mais além da periferia da distribuição [geográfica] da espécie parental.

Especiação simpátrica. Especiação sem isolamento geográfico (espacial); origem de um novo conjunto de mecanismos de isolamento no interior de um deme.

Espécie politípica. Espécie que consiste em várias subespécies.

Espécies-irmãs. Populações fenotipicamente muito semelhantes ou idênticas que estão reprodutivamente isoladas uma da outra; uma espécie críptica.

Essencialismo. Crença de que a variação da natureza pode ser reduzida a um número limitado de classes básicas representando tipos constantes e nitidamente delimitados; pensamento tipológico.

Estase. Período na história de um táxon durante o qual a evolução filética parece ter permanecido em suspensão.

Etologia. Ciência do estudo comparado do comportamento animal.

Eucariotos. Organismos com células nucleadas, como protistas, plantas, fungos e animais; todos os organismos que não são procariotos.

Evolução em mosaico. Taxas diferenciadas de mudança evolutiva para diversos órgãos, estruturas ou outros componentes do fenótipo no mesmo grupo de organismos.

Fenótipo. Gama completa de produções do genótipo, incluindo não apenas características estruturais, mas também as fisiológicas e comportamentais.

Filogenia haeckeliana (monofilia). História das linhas de descendência de grupos de táxons, baseada tanto na quantidade de mudança evolutiva (anagênese) quanto na descendência do ancestral comum mais recente (cladogênese).

Filogenia hennigiana (holofilia). História das linhas de descendência de clados, baseada exclusivamente em seu padrão de ramificação.

Finalismo. Conceito de que toda mudança no mundo, em particular no mundo vivo, é o resultado de um impulso cósmico que lhe confere um propósito; a quarta causa de Aristóteles.

Gameta. Célula reprodutiva masculina ou feminina.

Geisteswissenschaften. Palavra alemã para designar as humanidades.

Genes reguladores. Genes (DNA) que controlam a atividade de outros genes.

Genômica. Estudo comparativo de seqüências gênicas.

Genótipo. Constituição genética de um indivíduo ou de um táxon.

Haplóide. Que contém um único conjunto de cromossomos, por oposição a diplóide (dois conjuntos de cromossomos), triplóide (três conjuntos) etc.

Hierarquia. Em classificação, o sistema de ordenamento que indica o nível categórico dos vários táxons.

Holístico. Diz-se da visão de totalidades como algo mais que a soma de suas partes, com ênfase nas propriedades que emergem por causa da organização.

Homólogo. Uma característica em dois ou mais táxons que podem ser rastreados até a mesma característica num ancestral comum dos táxons.

Isolamento geográfico. A separação de uma população (*pool* ou acervo genético) por barreiras geográficas.

Lebenskraft. Uma força oculta em organismos vivos responsável pela vida. Alguém que acredite em tal força é um vitalista. Não há evidência científica para a existência de tal força.

Mecanismos de isolamento. Propriedades que favorecem o cruzamento com indivíduos da mesma espécie e inibem o acasalamento com indivíduos de outras espécies.

Meiose. Duas divisões celulares consecutivas e especiais, no desenvolvimento de células germinativas, caracterizadas pelo pareamento e segregação de cromossomos homólogos; as células germinativas resultantes têm um conjunto haplóide de cromossomos.

Mesocosmos. O mundo entre os átomos e as galáxias.

Mimetismo. Semelhança em cor ou estrutura de membros de uma espécie em relação aos de outra espécie que são intragáveis ou venenosos.

Narrativa histórica. Um cenário proposto para explicar eventos passados que deve ter sua validade testada.

Neodarwinismo. O paradigma original darwiniano, exceto pela rejeição da herança de características adquiridas.

Níveis de seleção. Quando o objeto de seleção pertence simultaneamente a duas categorias diferentes — por exemplo, indivíduo e espécie. Com freqüência surgiram dúvidas sobre a escolha dos objetos de seleção. No caso da seleção de espécies, para evitar confusão alguns autores preferem falar em sucessão [*turnover*] de espécies ou em substituição de espécies, no lugar de seleção de espécies.

Norma de reação. Gama de fenótipos produzidos por um genótipo quando interagem com o ambiente variável.

Objeto (unidade) de seleção. Entidade que é exposta ao processo de seleção natural ou sexual.

Ontogenia. História do desenvolvimento de um organismo individual.

Ordenação [*ranking*]. Colocação de um táxon no nível apropriado da hierarquia taxonômica de categorias.

Ortogênese. Hipótese refutada de que tendências retilíneas em evolução sejam causadas por um princípio finalista intrínseco.

Paleontologia. Ciência que trata da vida em períodos geológicos passados.

Paradigma. Sistema de crenças, valores e generalizações que domina uma ciência ou um ramo da ciência em certa época.

Partenogênese. Produção de descendência a partir de óvulos não fertilizados.

Pensamento populacional. Compreensão de que, em populações biológicas de organismos que se reproduzem sexuadamente, cada indivíduo é único.

Pleiotropia. Capacidade de um gene de afetar diversas características — isto é, diversos aspectos do fenótipo.

Polimorfismo. Ocorrência simultânea, em uma população, de diversos fenótipos descontínuos, com freqüência superior, mesmo no tipo mais raro, que pode ser mantida por mutação recorrente.

Poliploidia. Condição na qual o número de cromossomos é um múltiplo inteiro (maior que dois) do número haplóide.

Pool [*acervo*] *genético.* Composição genética total de uma população.

Princípio (de exclusão) de Gause. Duas espécies não podem coexistir na mesma localidade se tiverem os mesmos requisitos ecológicos.

Procariotos. Organismos unicelulares cujas células não têm núcleos.

Processos teleomáticos. Processos cujo termo é regulado por leis naturais. Aristóteles se referiu a eles como sendo causados "por necessidade".

Processos teleonômicos. Processos que devem sua orientação por uma meta à influência de um programa evoluído.

Programa. Informação codificada ou preordenada que guia o processo (ou comportamento) conducente à produção do fenótipo.

Programa genético. O genótipo de cada indivíduo vivo.

Reducionismo. Crença de que níveis superiores de integração de um sistema complexo possam ser integralmente explicados por meio do conhecimento de seus menores componentes.

Reprodução assexuada. Qualquer reprodução que não envolva a fusão de núcleos de diferentes gametas.

Saltacionismo. Noção segundo a qual a evolução progride por "saltos" (passos descontínuos), e não gradualmente.

Scala naturae. Escala da perfeição, crença na progressão ascendente de objetos naturais, particularmente dos vivos; progressão linear do mais simples para o mais perfeito.

Seleção por parentesco [*kin selection*]. Vantagem seletiva devida à interação altruísta de indivíduos que compartilham uma porção do mesmo genótipo, tais como irmãos, [ou] que têm genótipos muito similares por força de descendência comum.

Seti [*Search for Extraterrestrial Intelligence*]. Busca por inteligência extraterrestre.

Setiano. Quem acredita na existência de extraterrestres inteligentes em outros planetas e tenta comunicar-se com eles.

Síntese evolutiva. Unificação das teorias dos geneticistas de populações (anagênese) com as teorias dos naturalistas (cladogênese); síntese do estudo da mudança genética e da adaptação com o estudo da biodiversidade e suas origens.

Subespécie. Agregado de populações locais de uma espécie que habita uma subdivisão da distribuição geográfica da espécie e que difere taxonomicamente de outras populações da espécie; subdivisão de uma espécie politípica.

Superespécie. Grupo monofilético de espécies estreitamente relacionadas e inteira ou fortemente alopátricas que são distintas das demais para serem incluídas numa espécie única.

Táxon. Grupo monofilético de organismos (ou de táxons inferiores) que podem ser reconhecidos como portadores de um conjunto definido de características.

Táxon de espécie. População de organismos que se qualifica para reconhecimento como táxon de espécie, de acordo com um conceito particular de espécie.

Teísmo. Crença em um deus pessoal.

Uniformitarianismo. Teoria de alguns geólogos pré-darwinianos, em particular Charles Lyell, de que todas as mudanças na história da Terra são graduais (ver *saltacionismo*). Sendo graduais, essas mudanças não podem ser consideradas como atos de criação especial.

Vida no universo. Tudo que é abrangido por uma dada definição de vida, não somente hominídeos.

Vitalismo. Crença, hoje cabalmente refutada, na existência de uma força oculta e invisível nos organismos vivos, responsável pelas manifestações da vida em todo organismo vivo.

Zigoto. Óvulo fertilizado; o indivíduo que resulta da união de dois gametas e de seus núcleos.

Literatura citada

PREFÁCIO [p. 13-5]

MAYR, E. *What evolution is.* Nova York, Basic Books, 2001.

INTRODUÇÃO [pp. 17-26]

KANT, I. *Crítica da razão pura*, 1781.

KITCHER, P. "1953 and all that". *Philosophical Reviews*, 93: 335-73, 1984.

ROSENBERG, A. *The structure of biological science.* Cambridge, Cambridge University Press, 1985.

RUSE, M. *The philosophy of biology.* Londres, Hutchinson, 1973.

SOBER, E. *Philosophy of biology.* Boulder, West View Press, 1993.

1. CIÊNCIA E CIÊNCIAS [pp. 27-35]

BERGSON, H. *L'evolution créatrice.* Paris, Alcan, 1911.

DARWIN, C. *On the origin of species by means of natural selection or the preservation of favored races in the struggle for life.* Londres, John Murray, 1859. [1964, fac-símile da primeira edição; Cambridge, Massachusetts, Harvard University Press.]

DRIESCH, H. *Philosophie des Organischen.* Leipzig, Quelle und Meyer, 1899.

GALILEU, G. *Dialogue concerning the two chief world systems. Ptolomaic and copernican.* Tradução de S. Drake. Nova York, Modern Library, 1632 (2001).

GARBER, D. e A. ARIEW. "Introduction: Leibniz and the sciences". In *Perspectives on Science*, 6: 1-5, 1998.

HULL, D. L. *Philosophy of biological science.* Englewood Cliffs, Nova Jersey, Prentice-Hall, 1974.

KANT, I. *Die Kritik der Urteilskraft* [Crítica do juízo]. Berlim, Georg Reimer, 1790.

KITCHER, P. "1953 and all that". In *Philosophical Reviews*, 93: 335-73, 1984.

MAYR, E. *This is biology. The science of the living world.* Cambridge, Massachusetts, Harvard University Press, capítulo 2, pp. 24-49, 1997.

PAIS, A. *Subtle is the Lord: The science and the life of Albert Einstein.* Oxford, Oxford University Press, 1982.

ROGER, J. *Buffon: A life in natural history.* Tradução de S. L. Bonnefoi. Ithaca, Nova York, Cornell University Press, 1997.

ROSENBERG, A. *The structure of biological science.* Cambridge, Reino Unido, Cambridge University Press, 1985.

RUSE, M. *The philosophy of biology.* Londres, Hutchinson, 1973.

———. *Darwinian revolution: Science red in tooth and claw.* Chicago, Chicago University Press, 1979.

SOBER, E. *Philosophy of biology.* Boulder, Colorado, West View Press, 1993.

WOESE, C. R. "On the evolution of cells". In *Proceedings of the National Academy of Sciences*, 99: 8742-7, 2002.

2. A AUTONOMIA DA BIOLOGIA [pp. 36-54]

AYALA, F. A. "Biology as an autonomous science". *American Scientist*, 56: 207-21, 1968.

BEATTY, J. "The evolutionary contingency thesis". In *Concepts, theories and rationality in the biological sciences*, G. S. Wolters e J. Lennox (orgs.). Pittsburgh, University of Pittsburgh Press, pp. 45-81, 1995.

BERGSON, H. *L'evolution créatrice.* Paris, Alcan, 1911.

DARWIN, C. *On the origin of species by means of natural selection or the preservation of favored races in the struggle for life.* Londres, John Murray [1964, fac-símile da primeira edição; Cambridge, Massachusetts,: Harvard University Press], 1859.

DIAMOND, J. *The third chimpanzee: The evolution and future of the humam animal.* Nova York, Harper Collins, 1992.

DRIESCH, H. *Philosophie des Organischen.* Leipzig, Quelle und Meyer, 1899.

KITCHER, P. "1953 and all that". *Philosophical Reviews*, 93: 335-73, 1984.

MAYR, E. "Darwin and the evolutionary theory in biology". In *Evolution and anthropology. A centennial*, B. J. Meggers (org.). Washington, D.C., Anthropological Society of America, pp. 1-10, 1959.

———. "The autonomy of biology: The position of biology among the sciences". *Quarterly Review of Biology*, 71: 97-106, 1996.

———. "Die Autonomie der Biologie" [versão alemã]. *Sitzungs Berichte der Gesellschaft Naturforschen der Freunde* (21 jan. 2002): 5-16, 2002.

ROSENBERG, A. *The structure of biological science.* Cambridge, Reino Unido, Cambridge University Press, 1985.

RUSE, M. *The philosophy of biology.* Londres, Hutchinson, 1973.

SMART, J. J. C. *Philosophy and scientific realism.* Londres, Routledge & Kegan Paul, 1963.

WAAL, F. B. M. de. *Bonobo: The forgotten ape.* Berkeley, University of California Press, 1997.

WILSON, E. O. *Consilience.* Nova York, Alfred A. Knopf, 1998.

3. TELEOLOGIA [pp. 55-82]

AYALA, F. J. "Teleological explanation in evolutionary biology". *Philosophy of Science*, 37: 1-15, 1970.

BAER, K. E. von. *Studien aus der Geschichte der Naturwissenschaften.* São Petersburgo, H. Schmitzdorf, 1876.

BECKNER, M. *The biological way of thought.* Nova York, Columbia University Press, 1959.

BERG, L. S. *Nomogenesis, or evolution determined by law.* Londres, Constable, 1926.

BERGSON, H. *L'evolution créatrice.* Paris, Alcan, 1911.

BOCK, W. J., e G. von WAHLERT. "Adaptation and the form-function complex". *Evolution*, 19: 269-99, 1969.

BOWLER, P. J. *The eclipse of darwinism.* Baltimore, Johns Hopkins University Press, 1983.

BOWLER, P. J. *The non-darwinian revolution.* Baltimore, Johns Hopkins University Press, 1987.

BRANDON, R. N. "Biological teleology: Questions and explanation". *Studies in the History and Philosophy of Science,* 12: 91-105, 1981.

CAMPBELL, J. "An organizational interpretation of evolution". In *Evolution at a crossroads,* D. Depew e B. H. Weber (orgs). Cambridge, Massachusetts, MIT Press, pp. 133-67, 1985.

COLLINGWOOD, R. G. *The idea of nature.* Oxford, Clarendon Press, 1945.

CRAIG, W. "Appetites and aversions as constituent of instincts". *Biological Bulletin,* 34: 91-107, 1916.

CUMMINS, R. "Functional analysis". *Journal of Philosophy,* 72: 741-65, 1975.

CURIO, E. "Towards a methodology of teleonomy". *Experientia,* 29:1045-58, 1973.

DAVIS, B. D. "The teleonomic significance of biosynthetic control mechanisms". *Cold Spring Harbor Symposia,* 26: 1-10, 1961.

DAWKINS, R. *The blind watchmaker.* Londres: W. W. Norton, 1986.

DELBRÜCK, M. "Aristotle-totle-totle". In *Of microbes and life,* J. Monod e E. Borek (orgs.). Nova York, Columbia University Press, pp. 50-5, 1971.

DUPRÉ, J. (org.). *The latest on the best: Essays on evolution and optimality.* Cambridge, Massachusetts, MIT Press, 1987.

ENGELS, E.-M. *Die Teleologie des Lebendigen.* Berlim, Duncker & Humblot, 1982.

GILLISPIE, C. C. *Genesis and geology.* Nova York, Harper & Bros., 1951.

GLACKEN, C. J. *Traces on the Rhodian shore. Nature and culture in Western thought from ancient times to the end of the eighteenth century.* Berkeley, University of California Press, 1967.

GOTTHELF, A. "Aristotle's conception of final causality". *Review of Metaphysics,* 30: 226-54, 1976.

GOUDGE, T. A. *The ascent of life.* Toronto, University of Toronto Press, 1961.

GRENE, M. "Aristotle and modern biology". *Journal of Historical Ideas,* 33: 395-424, 1972.

HARTMANN, E. von. *Das Unbewusste vom Standpunkt der Physiologie und Deszendenzlehre.* Berlim, C. Duncker, 1872.

HEMPEL, C. G. *Aspects of scientific explanation.* Nova York, Free Press, 1965.

HULL, D. L. *Darwin and his critics.* Cambridge, Massachusetts, Harvard University Press, 1973.

———. "Philosophy and biology". *Contemporary Philosophy,* 2: 298-316, 1982.

HUXLEY, J. *Evolution. The modern synthesis.* Londres, Allen & Unwin, 1942.

———. *Lay sermons, addresses and reviews.* Londres, s.e, 1870.

JACOB, F. *La logique du vivant.* Paris, Gallimard, 1970.

KELLOGG, V. L. *Darwinism today.* Nova York, Henry Holt, 1907.

KLEINENBERG, N. "Über die Entwicklung durch Substitution von Organen". *Zeitschrift für wissenschaftliche Zoölogie*, pp. 212-24, 1886.

KOHN, D. "Darwin's ambiguity: The secularization of biological meaning". *British Journal for the History of Science*, 22: 215-39, 1989.

KOLB, D. "Kant, teleology, and evolution". *Synthese*, 91: 9-28, 1992.

KRAFFT, F. "Die Idee der Zweckmässigkeit in der Geschichte der Wissenschaften". *Berichte zur Wissenschaftsgeschichte*, 5: 1-152, 1982.

KULLMANN, W. *Die Teleologie in der aristotelischen Biologie.* Heidelberg, C. Winter, 1979.

LENOIR, T. *The strategy of life.* Dordrecht, D. Reidel, 1982a.

———. "Teleology without regrets". *Studies in the History and Philosophy of Science*, 12: 293-353, 1982b.

LOVEJOY, A. O. *The great chain of being.* Cambridge, Massachusetts, Harvard University Press, 1936.

MAYR, E. "The evolution of living systems". *Proceedings of the National Academy of Sciences*, 51: 934-41, 1964.

———. "Teleological and teleonomic. A new analysis". *Boston Studies in the Philosophy of Sciences*, 14: 91-117, 1974.

———. *The growth of biological thought.* Cambridge, Massachusetts, Harvard University Press, 1982.

———. *Toward a new philosophy of biology.* Cambridge, Massachusetts, Harvard University Press, 1988.

———. "The ideological resistance to Darwin's theory of natural selection". *Proceedings of the American Philosophical Society*, 135: 123-39, 1991.

———. "The idea of teleology". *Journal of Historical Ideas*, 53: 117-35, 1992.

———. "The multiple meanings of teleological". *History and Philosophy of the Life Sciences*, 20: 35-40, 1998.

MONOD, J. *Le hasard et la necessité.* Paris, Seuil, 1970.

MUNSON, R. "Biological adaptation". *Philosophy of Science*, 38: 200-15, 1971.

NAGEL, E. *The structure of science.* Nova York, Harcourt, Brace & World, 1961.

———. "Teleology revisited: goal directed processes in biology". *Journal of Philosophy*, 74: 261-301, 1977.

O'GRADY, R. T. "Evolutionary theory and teleology". *Journal of Theoretical Biology*, 107: 563-78, 1984.

OSBORN, H. F. "Aristogenesis, the creative principle in the *Origin of species*". *American Naturalist*, 68: 193-235, 1934.

PIERCE, C. S. *Collected papers*, A. W. Burks (org.). Cambridge, Massachusetts, Harvard University Press, vol. VII, pp. 298-316, 1958.

PITTENDRIGH, C. S. "Adaptation, natural selection and behavior". In *Behavior and evolution*, A. Roe e G. G. Simpson (orgs.). New Haven, Yale University Press, pp. 390-416, 1958.

RENSCH, B. *Neuere Probleme der Abstammungslehre.* Stuttgart, Enke, 1947.

ROGER, J. *Buffon.* Paris, A. Fayard, 1989.

ROSENBERG, A. *The structure of biological science.* Cambridge, Reino Unido, Cambridge University Press, 1985.

RUSE, M. *The philosophy of biology.* Londres, Hutchinson, 1973.

———. "The last word on teleology, or optimality modes vindicated". In *Is science sexist?*, M. Ruse (org.). Cambridge, Reino Unido, Cambridge University Press, pp. 85-101, 1981.

SATTLER, R. *Biophilosophy.* Berlim, Springer-Verlag, 1986.

SHERRINGTON, C. S. *The integrative action of the nervous system.* New Haven, Yale University Press, 1906.

SHORT, T. L. "Teleology in nature". *American Philosophical Quarterly*, 20(4): 311-20, 1984.

SIMPSON, G. G. *Tempo and mode in evolution.* Nova York, Columbia University Press, 1944.

———. *The meaning of evolution.* New Haven, Yale University Press, 1949.

———. "Behavior and evolution". In *Behavior and evolution*, A. Roe e G. G. Simpson (orgs.). New Haven, Yale University Press, pp. 507-35, 1958.

STERELNY, K., e GRIFFITH, P. E. *Sex and death.* Chicago, University of Chicago Press, 1999.

WADDINGTON, C. H. *The strategy of the genes.* Londres, Allen & Unwin, 1957.

WILSON, E. B. *The cell in development and heredity*, 3ª ed. Nova York, Macmillan, p. 1005, 1925.

WIMSATT, W. "Teleology and the logical status of function statements". *Studies in the History and Philosophy of Science*, 3: 1-80, 1972.

WOODGER, J. H. *Biological principles.* Londres, Routledge & Kegan Paul, 1929.

4. ANÁLISE OU REDUCIONISMO? [pp. 83-97]

AYALA, F. "Biology as an autonomous science". *American Scientist*, 56: 207-21, 1968.

———. e DOBZHANSKY, T. (orgs.). *Studies in the philosophy of biology: Reduction and related problems.* Berkeley, University of California Press, 1974.

BECKNER, M. *The biological way of thought.* Nova York, Columbia University Press, 1959.

DOBZHANSKY, T. "On cartesian and darwinian aspects of biology". *Graduate Journal*, 8(1): 99-117, 1968.

GOUDGE, T. A. "Another look at emergent evolutionism". *Dialogue*, 4(3): 273-85, 1965.

HALDANE, J. B. S. *The causes of evolution.* Nova York, Longmann, Green, 1932.

HOYNINGEN-HUENE, P. "Epistemological reductionism in biology". In *Reductionism and systems theory in the life sciences*, P. Hoyningen-Huene e F. M. Wuketis (orgs.). Dordrecht: Kluwer, pp. 29-44, 1989.

HULL, D. "The natural system and the species problem". In *Systematic biology*, C. G. Sibley (org.). Washington, D. C., National Academy Press, pp. 56-61, 1969a.

———. "What philosophy of biology is not". *Journal of Historical Biology*, 2: 241-68, 1969b.

———. "Reduction in genetics — biology or philosophy". *Philosophy of Science*, 39: 491-9, 1972.

———. *The philosophy of biological science.* Englewood, Nova Jersey, Prentice Hall, 1974.

KINCAID, H. "Molecular biology and the unity of science". *Philosophy of Science*, 57: 575-93, 1990.

KITCHER, P. "1953 and all that". *Philosophical Reviews*, 93: 335-73, 1984.

LEWES, G. H. *Problems of life and mind.* 2 vols. Londres, Longmann, Green, 1874-75

LEWONTIN, R. "The bases of conflict in biological explanation". *J. Hist. Biol.*, 2: 35-45, 1969.

LORENZ, K. *Die Rückseite des Spiegels.* Munique, R. Piper, 1973.

MANDELBAUM, M. *History, man and reason.* Baltimore, Johns Hopkins Press, 1971.

MAYR, E. *The growth of biological thought.* Cambridge, Massachusetts, Harvard University Press, 1982.

———. "The limits of reductionism". *Nature*, 331: 475, 1988.

MORGAN, C. L. *Emergent evolution.* Londres, Williams and Norgate, 1923.

NAGEL, E. *The structure of science. Problems in the logic of scientific explanation.* Nova York, Harcourt, Brace, and World, 1961.

POPPER, K. *Unended quest.* La Salle, Illinois, Open Court Publishing, 1974.

PUTNAM, H. Reductionism and the nature of psychology. *Cognition*, 2: 135, 1973.

ROSENBERG, A. *The structure of biology science*. Cambridge, Reino Unido, Cambridge University Press, 1985.

———. "Reductionism in a historical science". *Philosophy of Science*, 68: 135-68, 2001.

RUSE, M. "Reduction, replacement, and molecular biology". *Dialectica*, 25: 39-72, 1971.

———. *The philosophy of biology*. Londres, Hutchinson, 1973.

———. "Reduction in genetics". *Boston Studies in Philosophy of Science*, vol. 32, R. S. Cohen et al. (orgs.). Dordrecht, Reidel, pp. 633-51, 1976.

SCHAFFNER, K. S. "Approaches to reductionism". *Philosophy of Science*, 34: 137-47, 1967.

———. "Theories and explanations in biology". *Journal of the History of Biology*, 2: 19-33, 1969.

SIMPSON, G. G. *This view of life*. Nova York, Harcourt, Brace, and World, 1964.

———. "The concept of progress in organic evolution". *Social Research*, pp. 28-51, 1974.

STERELNY, K., e GRIFFITH, P. J. *Sex and death*. Chicago, University of Chicago Press, 1999.

WALD, G. *Molecular biology at Harvard*. Boletim. Harvard Foundation Advanced Study Research, 15 de março de 1963: 1, 1963.

WOODGER, J. H. *Biological principles*. Londres, Routledge, Kegan, Paul, 1929.

5. A INFLUÊNCIA DE DARWIN SOBRE O PENSAMENTO MODERNO [pp. 98-112]

DARWIN, C. *On the origin of species by means of natural selection or the preservation of favored races in the struggle for life*. Londres, John Murray, 1859 [1964, fac-símile da 1ª ed.; Cambridge, Massachusetts, Harvard University Press].

GHISELIN, M. *The triumph of the darwinian method*. Berkeley, University of California Press, 1969.

KANT, I. *Allgemeine Naturgeschichte und Theorie des Himmels* [História natural geral e teoria do céu], 1755.

———. *Die Kritik der Urteilskraft* [Crítica do juízo]. Berlim, Georg Reimer, 1790

LLOYD, E. A. *The structure and confirmation of evolutionary theory*. Contributions in Philosophy, vol. 37, Nova York, Greenwood, 1988.

LOVEJOY, A. O. *The great chain of being.* Cambridge, Massachusetts, Harvard University Press, 1936.

MAYR, E. "Darwin and the evolutionary theory in biology". In *Evolution and anthropology. A centennial appraisal,* B. J. Meggers (org.). Washington, D. C., The Anthropological Society of Washington, pp. 1-10, 1959.

———. *The growth of biological thought.* Cambridge, Massachusetts, Harvard University Press (Belknap Press), 1982.

———. "The ideological resistance to Darwin's theory of natural selection". *Proceedings of the American Philosophical Society,* 135: 123-39, 1991.

———. "The resistance to Darwinism and the misconception on which it was based". In *Creative evolution,* W. Schopf e J. Campbell (orgs.). Boston, Jones and Bartlett, pp. 35-46, 1993.

———. "The philosophical foundations of darwinism". *Proceedings of the American Philosophical Society,* 145: 488-95, 2001.

6. AS CINCO TEORIAS DA EVOLUÇÃO DE DARWIN [pp. 113-32]

DARWIN, C. *On the origin of species by means of natural selection or the preservation of favored races in the struggle for life.* Londres, John Murray [1964, facsímile da primeira edição; Cambridge, Massachusetts, Harvard University Press], 1859.

DARWIN, F. (org.) *The life and letters of Charles Darwin, including an autobiographical chapter,* 2 vols. Nova York, Appleton, 1887.

DARWIN, C. In *Charles Darwin's natural selection,* R. C. Stauffer (org.)., Cambridge, Reino Unido, Cambridge University Press, 1975.

ELDREDGE, N., e GOULD, S. J. "Punctuated equilibria: an alternative to phyletic gradualism". In *Models in paleobiology,* T. J. M. Schopf (org.). San Francisco, Freeman, pp. 82-115, 1972.

GOULD, S. J., e LEWONTIN, R. C. "The spandrels of San Marco and the Panglossian paradigm: a critique of the adaptationist programme". *Proceedings of the Royal Society of London, Series B,* 205: 581-89, 1979.

HERSCHEL, J. F. W. *Physical geography of the globe.* Londres, Longmans, Green, 1861.

HULL, D. L. *Darwin and his critics. The reception of Darwin's theory of evolution by the scientific community.* Cambridge, Massachusetts, Harvard University Press, 1973.

HUXLEY, A. "Anniversary address of the president". Suplemento do *Royal Society News*, nº 12, pp. i-vii, 1981.

JACOB, F. "Evolution and tinkering". *Science*, 196: 1161-6, 1977.

KOTTLER, M. J. "Charles Darwin's biological species concept and theory of geographic speciation: the transmutation notebooks". *American Scientist*, 35: 275-97, 1978.

———. "Charles Darwin and Alfred Russel Wallace. Two decades of debate over natural selection". In *The Darwinian heritage*, D. Kohn (org.). Princeton, Princeton University Press, pp. 367-432, 1985.

LAMARCK, J.-B. *Philosophie zoologique, ou exposition des considérations relatives à l'histoire naturelle des animaux*, 2 vols. Paris, Savy, 1809. [Tradução inglesa por H. Elliot, *The zoological philosophy*, 1914, Londres, Macmillan.]

MARGULIS, L., e SAGAN, D. *Acquiring genomes: A theory of the origins of species.* Nova York, Basic Books, 2002.

MAYR, E. "Change of genetic environment and evolution". In *Evolution as a process*, J. Huxley, A. C. Hardy e E. B. Ford (orgs.). Londres, Allen & Unwin, pp. 157-80, 1954.

———. "Adaptation and selection". *Biologisches Zentralblatt*, 101: 161-74, 1982a.

———. *The growth of biological thought.* Cambridge, Massachusetts, Harvard University Press, 1982b.

———. "Speciation and macroevolution". *Evolution*, 36: 1119-32, 1982c.

———. "Darwin's five theories of evolution". In *The Darwinian heritage*, D. Kohn (org.). Princeton, Princeton University Press, pp. 755-72, 1985.

———. "Darwin's principle of divergence". *Journal of the History of Biology*, 25: 343-59, 1992.

MONOD, J. *Le hasard et la necessité.* Paris, Seuil, 1970.

OSPOVAI, D. *The development of Darwin's theory: Natural history, natural theology, and natural selection, 1838-1859.* Cambridge, Reino Unido, Cambridge University Press, 1981.

POULTON, E. B. *Charles Darwin and the theory of natural selection.* Londres, Cassell, 1896.

SULLOWAY, F. J. "Geographic isolation in Darwin's thinking: the vicissitudes of a crucial idea". *Studies in the History of Biology*, 3: 23-65, 1979.

WRIGHT, S. "Comments". In *Mathematical challenges to the neo-darwinian interpretation of evolution*, P. S. Moorhead e M. M. Kalan (orgs.). Filadélfia, Wistar Institute Press, pp. 117-20, 1967.

7. MATURAÇÃO DO DARWINISMO [pp. 133-47]

CAMPBELL, A. M., e HEYER. *Discovering genomics, proteomics, and bioinformatics.* San Francisco, Benjamin Cummings, 2002.

DOBZHANSKY, Th. *Genetics and the origin of species.* Nova York, Columbia University Press, 1937.

FISHER, R. A. *The genetical theory of natural selection.* Oxford, Clarendon Press, 1930.

GOLDSCHMIDT, R. *The material basis of evolution.* New Haven, Yale University Press, 1940.

GOULD, S. J. "The return of hopeful monsters". *Natural History*, 86 (junho/julho): 22-30, 1977.

HALDANE, J. B. S. *The causes of evolution.* Nova York, Longman, Green, 1932.

HUXLEY, J. *Evolution. The modern synthesis.* Londres, Allen & Unwin, 1942.

MAYR, E. *Systematics and the origin of species.* Nova York, Columbia University Press, 1942.

———. "The study of evolution, historically reviewed". In *The changing scene in natural science, 1776-1976*, C. E. Goulden (org.). Filadélfia, Academy of Natural Sciences, Special Publication 12, pp. 39-58, 1977.

———. *One long argument.* Cambridge, Massachusetts, Harvard University Press, 1991.

———. "Controversies in retrospect". In *Oxford Surveys in Evolutionary Biology*, vol. 8, D. Futuyma e J. Antonovics (orgs.). Oxford, Oxford University Press, 1992.

———. "What was the evolutionary synthesis?" *Trends in Ecology and Evolution* 8: 31-4, 1993.

———. "Darwin's impact on modern thought". *Proceedings of the American Philosophical Society*, 139: 317-25, 1995.

———. "The establishment of evolutionary biology as a discrete biological discipline". *BioEssays* 13: 263-6, 1997.

———. Novo prefácio de *The evolutionary synthesis: Perspectives on the unification of Biology*, E. Mayr e W. B. Provine (orgs.). Cambridge, Massachusetts, Harvard University Press, pp. ix-xiv, 1998.

———. "Postscript: Understanding evolution". *Trends in Ecology and Evolution*, 14(9): 372-3, 1999a. [Escrito por ocasião do recebimento do Prêmio Crafoord.]

———. "An evolutionist's perspective". *Quarterly Review of Biology* 74: 401-3, 1999b.

MAYR, E. Prefácio para *Systematics and the origin of species* (nova edição). Cambridge, Massachusetts,: Harvard University Press, pp. xxiii-xxxv, 1999c.

———. *What evolution is.* Nova York, Basic Books, 2001.

PLATE, L. *Selektionsprinzip und Probleme der Artbildung; ein Handbuch des Darwinismus*, 4ª. ed. Leipzig, W. Engelmann, 1913.

———. *Die Abstammungslehre.* Iena, Gustav Fisher, 1923.

RENSCH, B. *Neuere Probleme der Abstammungslehre.* Iena, Enke, 1947.

ROMANES, G. J. [1892-1897]. *Darwin, and after Darwin: An exposition of the Darwinian theory and a discussion of post-darwinian questions*, vols. 1-3. Chicago, Open Court Publishing, 1894.

SCHINDEWOLF, O. H. *Grundfragen der Paläontologie.* Stuttgart, Schweizerbart, 1950.

SIMPSON, G. G. *Tempo and mode in evolution.* Nova York, Columbia University Press, 1944

STEBBINS, G. L. *Variation and evolution in plants.* Nova York, Columbia University Press, 1950.

WOESE, C. R. "On the evolution of cells". *Proceedings of the National Academy of Sciences*, 99: 8742-7, 2002.

WRIGHT, S. "Evolution in Mendelian populations". *Genetics*, 16: 97-159, 1931.

8. SELEÇÃO [pp. 148-73]

BORRELLO, M. E. "Synthesis and selection: Wynne-Edwards' challenge to David Lack". *Journal of the History of Biology*, 36: 531-66, 2003.

BRANDON, R. N. *Adaptation and environment.* Princeton, Princeton University Press, 1990.

CARSON, H. L. "Female choice in *Drosophila*: Evidence from Hawaii and implications for evolutionary biology". *Genetics*, 116: 383-93, 2002.

DARWIN, C. *On the origin of species by means of natural selection or the preservation of favored races in the struggle for life.* Londres: John Murray, 1859. [1964, Fac-símile da primeira edição; Cambridge, Massachusetts,: Harvard University Press.]

———. *The descent of man.* Londres, John Murray, 1871.

DAWKINS, R. *The selfish gene.* Oxford, Oxford University Press, 1976.

———. "Replicator selection and the extended phenotype". *Zeitschrift für Tierpsychologie*, 47: 61-76, 1978.

———. *The extended phenotype: The gene as the unit of selection.* Oxford,: Freeman, 1982.

DOBZHANSKY, T. *Genetics and the origin of species.* Nova York, Columbia University Press, 1937.

EBERHARD, W. *Female control. Sexual selection by cryptic female choice.* Princeton, Princeton University Press, 1996.

ENDLER, J. A. *Natural selection in the wild.* Princeton, Princeton University Press, 1986.

FUTUYMA, D. J. *Evolutionary biology*, 3ª ed. Sunderland, Massachusetts, Sinauer Associates, 1999.

GOULD, S. J. *Wonderful life: The burgess shale and the nature of history.* Nova York, W. W. Norton, 1989.

HAMILTON, W. D. "The genetic evolution of social behavior". *Journal of Theoretical Biology*, 7: 1-52, 1964.

HULL, D. "Individuality and selection". *Annual Review of Ecology and Systematics*, 11: 311-32, 1980.

LACK, D. *Population studies of birds.* Oxford, Clarendon Press, 1966.

LERNER, M. *Genetic homeostasis.* Edimburgo, Oliver and Boyd, 1954.

LEWONTIN, R. "The units of selection". *Annual Review of Ecology and Systematics*, 1: 1-18, 1970.

LLOYD, E. "Units of selection". In *Keywords in evolutionary biology*, E. F. Keller e E. A. Lloyd (orgs.). Cambridge, Massachusetts, Harvard University Press, pp. 334-40, 1992.

MATHER, K. "Polygenic inheritance and natural selection". *Biological Reviews*, 18: 32-64, 1943.

MAYR, E. "Where are we?" *Cold Spring Harbor Symposia on Quantitative Biology*, 24: 1-14, 1959.

———. *Animal species and evolution.* Cambridge, Massachusetts, Harvard University Press, 1963.

———. *Evolution and the diversity of life.* Cambridge, Massachusetts, Harvard University Press, 1976.

———. "The study of evolution, historically reviewed". In *The changing scene in natural science, 1776-1976*, C. E. Goulden (org.). Filadélfia, Academy of Natural Sciences, Special Publication 12, pp. 39-58, 1977.

MAYR, E. "The philosopher and the biologist". Resenha de *The nature of selection: Evolutionary theory in philosophical focus*, de Elliott Sober, 1984. *Paleobiology*, 12: 235-9, 1986.

———. "Myxoma and group selection". *Biologisches Zentralblatt*, 109: 453-7, 1990.

———. "The objects of selection". *Proceedings of the National Academy of Sciences*, 94: 2091-4, 1997.

———. *What evolution is*. Nova York, Basic Books, 2001.

SOBER, E., e LEWONTIN, R. "Artifact, cause, and genic selection". *Philosophy of Science*, 49: 157-80, 1982.

———. *The nature of selection: Evolutionary theory in philosophical focus*. Cambridge, Massachusetts, MIT Press, 1984.

———. e WILSON, D. S. *Unto others*. Cambridge, Massachusetts, Harvard University Press, 1998.

WALLACE, B. "Coadaptation and the gene arrangements of *Drosophila pseudoobscura*". *IUBS Symposium on Genetics of Population Structures*, pp. 67-100, 1954.

———., KING, J. C., MADDEN, C. V., KAUFMANN, B., e MCGUNNIGLE, E. C. "An analysis of variability arising through recombination". *Genetics*, 38: 272-307, 1953.

WEST-EBERHARD, M. J. *Developmental plasticity and evolution*. Nova York, Oxford University Press, 2003.

WILLIAMS, G. C. *Adaptation and natural selection*. Princeton, Princeton University Press, 1966.

———. *Adaptation and natural selection* [com novo prefácio]. Princeton, Princeton University Press, 1966.

WILSON, E. O. *Sociobiology: The new synthesis*. Cambridge, Massachusetts, Harvard University Press, 1975.

WIMSATT, W. C. "Reductionist research strategies and their biases in the units of selection controversy". In *Scientific Discovery*, T. Nickles (org.). Dordrecht, Reidel, 1980.

WOLTERECK, R. "Weitere experimentelle Untersuchungen über Artveränderung, speziell über das Wesen quantitativer Artunterschiede bei Daphnien". *Verhandlungen der Deutschen Zoologischen Gesellschaft*, 19: 10-173, 1909.

WYNNE-EDWARDS, V. C. *Animal dispersion in relation to social behavior*. Edimburgo e Londres, Oliver and Boyd, 1962.

9. AS REVOLUÇÕES CIENTÍFICAS DE THOMAS KUHN ACONTECEM MESMO? [pp. 174-84]

BOWLER, P. J. *The eclipse of darwinism.* Baltimore, Johns Hopkins Press, 1983.

DARWIN, C. *On the origin of species by means of natural selection or the preservation of favored races in the struggle for life.* Londres, John Murray, 1859. [1964, Fac-símile da primeira edição; Cambridge, Massachusetts, Harvard University Press.]

HAHLWEG, K., e HOOKER, C. A. *Issues in evolutionary epistemology.* Albany, State University of New York Press, 1989.

HOYNINGEN-HUENE, P. *Reconstructing scientific revolutions: Thomas S. Kuhn; philosophy of science.* Chicago, Chicago University Press, 1993.

KUHN, T. *The structure of scientific revolutions.* Chicago, Chicago University Press, 1962.

MAYR, E. "History of North American bird fauna". *Wilson Bulletin,* 58: 3-41, 1946.

———. "The nature of the darwinian revolution". *Science,* 176: 981-9, 1972.

———. *The growth of biological thought.* Cambridge, Massachusetts, Harvard University Press, 1982.

———. *One long argument.* Cambridge, Massachusetts, Harvard University Press, 1991.

———. "The advance of science and scientific revolutions". *Journal of the History of Behavioral Sciences,* 30: 328-34, 1994.

ROGER, J. *Buffon. A life in natural history.* Ithaca, Cornell University Press, 1997 [1989].

WEISMANN, A. *Über die Vererbung.* Jena, Gustav Fischer, 1883.

10. UM OUTRO OLHAR SOBRE O PROBLEMA DA ESPÉCIE [pp. 185-207]

BOCK, W. J. "Species concepts, speciation, and macroevolution". In *Modern aspects of species,* K. Iwatsuki. P. H. Raven e W. J. Bock (orgs.). Tóquio, University of Tokyo Press, pp. 31-57, 1986.

———. "The species concept versus the species taxon: Their roles in biodiversity analyses and conservation". In *Biodiversity and evolution,* R. Arai, R. M. Kato e Y. Doi (orgs.). Tóquio, National Science Museum Foundation, pp. 47-72, 1995.

DARWIN, C. [Correspondência.] In F. Darwin, *Life and letters of Charles Darwin,* vol. 3, 1887.

GHISELIN, M. T. "A radical solution to the species problem". *Systematic Zoology*, 23: 536-44, 1974.

———. *Metaphysics and the origin of species*. Albany, State University of New York, 1997.

GRANT, V. "Evolution of the species concept". *Biologisches Zentralblatt*, 113: 401-15, 1994.

HENNIG, W. *Phylogenetic systematics*, traduzido por D. D. Davis e R. Zangerl. Urbana, University of Illinois Press, 1966.

HULL, D. "Are species really individuals?" *Systematic Zoology*, 25: 174-91, 1976.

KIMBEL, W. H., e MARTIN, L. B. (orgs.). *Species, species concepts, and primate evolution*. Nova York, Plenum Press, 1993.

———. e Y. RAK. "The importance of species taxa in paleoanthropology and an argument for the phylogenetic concept of the species category". In *Species, species concepts, and primate evolution*, W. H. Kimbel e L. B. Martin (orgs.). Nova York, Plenum Press, pp. 461-84, 1993.

MAYR, E. *Systematics and the origin of species*. Nova York, Columbia University Press, 1942.

———. "The bearing of the new systematics on genetical problems: The nature of species". In *Advances in Genetics*, vol. 2. Nova York, Academic Press, pp. 205-37, 1948.

———. "Geographical speciation in tropical echinoids". *Evolution*, 8:1-18, 1954.

———. (org.) *The species problem*. American Association for the Advancement of Science Publication 50. Washington, D.C., American Association for the Advancement of Science, 1957.

———. *Principles of systematic zoology*. Nova York, McGraw-Hill, 1969.

———. *The growth of biological thought: Diversity, evolution and inheritance* Cambridge, The Belkanap Press of Harvard University Press, 1982.

———. "The species as category, taxon, and population". In *Histoire du concept d'espèce dans la science de la vie*, J. Roger e J. L. Fischer (orgs.). Paris, Fondation Singer-Polignac, pp. 303-20, 1987.

———. "Recent historical developments". In *Prospects in systematics*, D. L. Hawksworth (org.). The Systematics Association Special, vol. 36. Oxford, Clarendon Press, pp. 31-43, 1988a.

———. "The why and how of species". *Biology and Philosophy*, 3: 431-41, 1988b.

———. "A local flora and the biological species concept". *American Journal of Botany*, 79: 222-38, 1992a.

———. "Darwin's principle of divergence". *Journal of the History of Biology*, 25: 343-59, 1992b.

———. "What is a species and what is not?" *Philosophy of Science*, 63(2): 262-77, 1996.

———. "The biological species concept". In *Species concepts and phylogenetic theory*, Q. D. Wheeler e R. Meier (orgs.). Nova York, Columbia University Press, pp. 17-29, 93-100, 161-6, 2000.

———. e ASHLOCK, P. D. *Principles of systematic zoology*. Nova York, McGraw-Hill, 1991.

———. e DIAMOND, J. *The birds of Northern Melanesia*. Nova York, Oxford University Press, 2001.

———. e O'BRIEN, S. J. "Bureaucratic mischief: recognizing endangered species and subspecies". *Science*, 251: 1187-8, 1991.

———. e SHORT, L. L. *Species taxa of North American birds: A contribution to comparative systematics*. Nuttall Ornithological Club Publication 9. Cambridge, Massachusetts, Nuttall Ornithological Club, 1970.

MEYER, A. "Ecological and evolutionary consequences of the trophic polymorphism in *Cichlasoma citrinellum* (*Pisces: Cichlidae*)". *Journal of the Linnean Society*, 39: 279-99, 1990.

MILL, J. S. *A system of logic ratiocinative and inductive*, 1843.

MISHLER, B. D., e THERIOT, E. C. "The phylogenetic species concept (*sensu* Mishler and Theriot): Monophyly, apomorphy, and phylogenetic species concepts". In *Species concepts and phylogenetic theory*. Q. D. Wheeler e R. Meier (orgs.). Nova York, Columbia University Press, pp. 44-54, 2000.

PATERSON, H. E. H. "The recognition concept of species". In *Species and speciation*, E. S. Verba (org.). Pretória, África do Sul: Transvaal Museum, monografia nº 4, pp. 21-9, 1985.

RAUBENHEIMER, D., e CROWE, T. M. "The recognition concept: is it really an alternative?" *South African Journal of Science*, 83: 530-4, 1987.

ROGER, J., e FISCHER, J. L. (orgs.). *Histoire du concept d'espèce dans les sciences de la vie*. Paris, Fondation Singer-Polignac, 1987.

SIMPSON, G. G. *Principles of animal taxonomy*. Nova York, Columbia University Press, 1961.

SLOAN, P. "From logical universals to historical individuals: Buffon's idea of biological species". In *Histoire du concept d'espèce dans la science de la vie*, J. Roger e J. L. Fischer (orgs.). Paris: Fondation Singer-Polignac, pp. 97-136, 1987.

SONNEBORN, T. "The *Paramecium aurelia* complex of fourteen sibling species". *Transactions of the American Microscopical Society*, 94: 155-78, 1975.

VAN VALEN, L. "Ecological species, multispecies, and oaks". *Taxon*, 25: 233-9, 1976.

WHEELER, Q. D., e MEIER, R. (orgs.). *Species concepts and phylogenetic theory.* Nova York, Columbia University Press, 2000.

———. e PLATNICK, N. I. "The phylogenetic species concept (*sensu* Wheeler and Platnick)". In *Species concepts and phylogenetic theory.* Q. D. Wheeler e R. Meier (orgs.). Nova York, Columbia University Press, pp. 55-69, 2000.

WILEY, E. O., e MAYDEM, R. L. "The evolutionary species concept". In *Species concepts and phylogenetic theory.* Q. D. Wheeler e R. Meier (orgs.). Nova York, Columbia University Press, pp. 70-89, 2000.

WILLMANN, R., e MEIER, R. "A critique from the Hennigian species concept perspective". In *Species concepts and phylogenetic theory.* Q. D. Wheeler e R. Meier (orgs.). Nova York, Columbia University Press, pp. 30, 101-18, 167, 2000.

11. A ORIGEM DOS SERES HUMANOS [pp. 208-21]

BRUNET, M., et al. "A new hominid from the upper Miocene of Chad, Central Africa". *Nature*, 418: 145-55, 2002.

MAYR, E. "Taxonomic categories in fossil hominids". *Cold Spring Harbor Symposia on Quantitative Biology*, 15: 109-18, 1951.

———. *What evolution is.* Nova York, Basic Books, 2001.

STANLEY, S. M. *Children of the Ice Age: How a global catastrophe allowed humans to evolve.* Nova York, W. H. Freeman, 1998.

WRANGHAM, R. W. "Out of the pan and into the fire: from ape to human". In *Tree of origin*, F. de Waal (org.). Cambridge, Massachusetts, Harvard University Press, pp. 119-43, 2001.

12. ESTAMOS SOZINHOS NESTE VASTO UNIVERSO? [pp. 222-30]

BURGER, W. C. *Perfect planet, clever species.* Amherst, Nova York, Prometheus Books, 2002.

MAYR, E. *What evolution is.* Nova York, Basic Books, 2001.

LIVROS RECENTES SOBRE VIDA EXTRATERRESTE

BURGER, W. C. *Perfect planet, clever species.* Amherst, Nova York, Prometheus Books, 2002.

CLARK, A., e CLARK, D. *Aliens: Can we make contact with extraterrestrial intelligence?* Nova York, Fromm International, 1999.

DIAMOND, J. *The third chimpanzee: The evolution and future of the human animal.* Nova York, HarperPerennial, 1992.

DICK, S. J. *Life on other worlds: The 20th century extraterrestrial life debate.* Cambridge, Reino Unido, Cambridge University Press, 1998.

DRAKE, F., e SOBEL, D. *Is anyone out there? The scientific search for extraterrestrial intelligence.* Nova York, Delacorte Press, 1992.

KOERNER, D., e LA VAY, S. *Here be dragons. The scientific quest for extraterrestrial life.* Nova York, Oxford University Press, 2000.

SULLIVAN, W. *We are not alone. The continuing search for extraterrestrial intelligence.* Edição revisada. Nova York, Dutton, 1993.

WARD, P. D., e BROWNLEE, D. *Rare earth: Why complex life is Uncommon in the Universe.* Nova York, Copernicus Books, 2000.

Agradecimentos

Esta obra, produto de quase oitenta anos de estudos, mantém uma grande dívida de gratidão com legiões de amigos e mentores. A maioria de vocês já não está entre nós,* como Erwin Stresemann, Bernhard Rensch, Theodosius Dobzhansky, Michael Lerner, James P. Chapin, J. B. S. Haldane, E. B. Ford, David Lack, Konrad Lorenz, Niko Tinbergen e tantos outros.

Por sorte, há alguns para os quais posso dizer "obrigado" pessoalmente. Walter Bock é aquele a quem devo mais. Ele tem lido de modo crítico meus rascunhos de manuscritos, e eu tenho me beneficiado amplamente de suas sugestões construtivas. Consultei com freqüência Francisco Ayala, Jared Diamond, Doug Futuyma, Michael Ghiselen, Verne Grant, Axel Meyer, David Pilbeam, Frank Sulloway e Bruce Wallace, sempre recebendo informações úteis e conselhos construtivos. Também consultei Fred Burkhardt, J. Cain, J. Coyne, James Crow, Frans De Waal, J. Haffer, François Jacob, Lynn Margulis, Robert May, Eviatar Nevo, J. W. Schoff, Steve Stanley, Robert Trivers, James D. Watson, E. O. Wilson

* O próprio Ernst Mayr morreria em 3 de fevereiro de 2005, aos cem anos de idade. (N. T.)

e R. W. Wrangham. Eles contribuíram com informações valiosas e sábio aconselhamento. Tudo isso incrementou a confiabilidade e a competência deste volume.

Eu não contava com uma secretária permanente no período em que este volume estava em produção, mas fui contemplado com auxílio em tempo parcial de estudantes, ao longo dos últimos sete anos, que deram contribuições inestimáveis para a qualidade deste trabalho, mas foi Alison Pine quem acompanhou este volume em gráfica, com muita eficiência, nos últimos dois anos. Com ela mantenho uma dívida especial de gratidão.

Índice remissivo

ESTA OBRA FOI COMPOSTA PELA SPRESS EM MINION E IMPRESSA PELA GRÁFICA BARTIRA EM OFSETE SOBRE PAPEL PÓLEN SOFT DA SUZANO BAHIA SUL PARA A EDITORA SCHWARCZ EM SETEMBRO DE 2005